国家重点保护水生野生动物

农业农村部渔业渔政管理局　组编

中国农业出版社
北京

编审委员会

科学顾问：曹文宣

主　　任：刘新中
副主任：江开勇　林祥明　张　锋　李彦亮
委　　员：栗倩云　姜　波　刘立明　张　宇　刘　宁

编写人员

主　　编：刘立明　樊恩源

副 主 编：张　宇　刘　宁

参　　编（按姓氏笔画排序）：

计　翔　田树魁　邢迎春　庄　平　刘昕明

江建平　李宝泉　李新正　杨　光　杨君兴

吴小平　吴孝兵　吴金明　邹国华　张　洁

张先锋　陈　芳　陈炳耀　罗　刚　赵　阳

赵亚辉　赵志鹏　黄　松　黄　晖　黄林韬

龚世平　舒国成　谢　锋　霍堂斌

审稿人员：刘文华　张春光　危起伟　李新正　刘　敏

陈　珉　周晓华

前　言

中国地大物博，江河湖泊众多，拥有300多万平方公里的蓝色国土，是世界上水生生物资源最为丰富的国家之一。数量众多的珍稀和特有水生野生动物不仅是生态系统的重要组成，也具有很高的经济、社会和文化价值。1989年，我国正式发布《国家重点保护野生动物名录》，将48种（类）水生野生动物列为国家重点保护野生动物，为加强水生野生动物保护发挥了重要作用。随着时代变化，1989年版名录越来越难以适应国家生态文明建设的新要求和野生动物保护管理实际。为此，农业农村部会同国家林草局经报请国务院批准，于2021年2月修订出台了《国家重点保护野生动物名录》。与1989年版名录相比，新版名录中的水生野生动物数量由48种（类）大幅增加至302种（类），其中国家一级保护动物46种（类），国家二级保护动物256种（类）。

国家重点保护动物名录是野生动物保护法规定的重要管理制度，加强新版名录的宣贯落实对做好新时代水生野生动物保护管理工作具有重要意义。为此，我局组织编写了《国家重点保护水生野生动物》一书，收录了新版名录中所有的水生野生动物。同时，考虑到《濒危野生动植物种国际贸易公约》附录中的部分水生动物物种在我国依法参照国家重点保护野生动物管理，为查阅方便，本书也收录了《濒危野生动植物种国际贸易公约》附录水生动物物种核准为国家重点保护野生动物名录。

希望本书为加强水生野生动物执法监管、科学研究、科普宣传和全社会广泛参与保护工作提供帮助。

由于成书仓促，不完善之处难免，敬请广大读者批评指正。

编　者

2022年10月24日

目　录

第二部分
爬行动物

第三部分
两栖动物

第四部分
鱼　类

第五部分
无脊椎动物

附　录

第一部分

哺乳动物

1. 小爪水獭

学 名	*Aonyx cinerea*

学　名 *Aonyx cinerea*

分类地位 食肉目CARNIVORA，鼬科Mustelidae

曾用学名 *Amblonyx cinerea*，*Micraonyx cinerea*

英 文 名 Clawless Otter，Asian Small-clawed Otter，Short-clawed Otter，Oriental Small-clawed Otter

别　名 油獭、东方小爪水獭、亚洲小爪水獭

保护级别 国家二级保护野生动物，CITES附录 I

物种介绍 世界上最小的水獭种。主要生活于亚热带的山地河谷中，从平原到海拔3 000多米的山地部有栖居，常群体活动。体长41～63厘米，尾长23～35厘米，体重2.7～5.4千克。四肢短小，每肢有五趾，趾间蹼膜不完全，爪短粗呈钉子状，有退化现象，尾部较细。喉部颜色较浅，为白色至灰色，与其他部位形成鲜明的对比。鼻部粉红色或略黑，上缘凸起呈尖状。全身呈亮赭色至暗棕色。毛发外层长12～14毫米，内层长6～9毫米。主食鱼类，也吃蛙、蟹等小型水生动物。妊娠期60～64天，每年1～2胎，每胎1～2仔，多的可达6仔。

地理分布 我国主要分布于西藏、云南、广西、广东、福建和海南的部分地区。国外分布于印度东北部和南部、东南亚各国。

鲸骑士 绘　樊恩源 供图

2. 水獭

学　　名	*Lutra lutra*
分类地位	食肉目CARNIVORA，鼬科Mustelidae
曾用学名	*Viverra lutra*
英 文 名	Common Otter，European（River）Otter，Eurasian Otter
别　　名	獭、獭猫、鱼猫、水狗、欧亚水獭
保护级别	国家二级保护野生动物，CITES附录Ⅰ

物种介绍　主要栖息于河流和湖泊地带，尤其喜欢生活在两岸林木繁茂的溪河地带。体长56～80厘米。躯体长，吻短，眼睛稍突而圆，耳朵小，四肢短，趾间有蹼，身体背部为咖啡色，腹面呈灰褐色。多穴居，白天休息，夜间出来活动。除交配期以外，平时都单独生活，一年四季都能交配，每胎产1～5仔。善于游泳和潜水，听觉、视觉、嗅觉都很敏锐。食性较杂，捕食鱼类、甲壳类、两栖类、蟹类、蛤类、蛇类以及各种小型哺乳动物。

地理分布　我国主要分布于西北局部地区、东北、中南部地区、海南、台湾等地。国外广泛分布于欧亚大陆。

鲸骑士 绘 樊恩源 供图

3. 江獭

学　　名 *Lutrogale perspicillata*

分类地位 食肉目 CARNIVORA，鼬科 Mustelidae

曾用学名 *Lutra perspicillata*

英 文 名 Indian Smooth-coated Otter，Smooth-coated Otter

别　　名 印度水獭、咸水獭、滑毛獭、滑獭、短毛獭

保护级别 国家二级保护野生动物，CITES 附录 I

物种介绍 与水獭的外形颇相似，个体一般比中华水獭稍大，体长 60 ～ 80 厘米，体重可达 15 千克。头大，耳短小而圆。裸露的鼻垫上缘与毛区交界处只中间突出一些，几乎成一直线。四肢粗短，趾间全蹼，爪小，仅比小爪水獭的爪稍大。背部皮毛为浅至深棕色，腹部为浅棕色甚至几乎灰色，针毛长 6 ～ 8 毫米。以晚间活动为主，没有固定住所，性凶猛，以鱼和蟹为主食，偶食鸟类。季节性繁殖，每胎生产 1 ～ 5 仔，大多为 2 仔。主要栖息于江河附近灌木丛，也出现在海岸带中或沿海红树林，喜欢躲在浅洞穴和成堆石块或浮木中。

地理分布 我国主要分布于云南、贵州和广东珠江附近的局部地区。国外分布于印度、尼泊尔、马来西亚和印度尼西亚等地。

鲸骑士 绘　樊恩源 供图

4. 北海狗

学　　名	*Callorhinus ursinus*
分类地位	食肉目 CARNIVORA，海狮科 Otariidae
曾用学名	*Phoca ursine*
英 文 名	Northern Fur Seal
别　　名	北海熊、膃肭兽、海狗、北海豹、海熊
保护级别	国家二级保护野生动物

物种介绍　大型海生哺乳动物，体长150～210厘米，体重可达270千克。在海上毛色为灰色，陆地上时毛色通常会因为岩石上的泥土和粪便而变成棕色或黄褐色。年长的雄性皮毛通常呈褐黑色，但也可能是深灰色或红褐色。吻短，外耳壳较小。前鳍肢较大而厚，以第1指最长，无爪。后鳍肢的第2～4指均具爪，爪前尚有长而坚韧的皮膜。每年大部分时间都生活在北太平洋的海上，只有在夏季繁殖季节会在陆地上生活。为应对极地的寒冷气候，海狗必须借助其厚厚的皮毛及一层约15厘米的皮下脂肪进行保暖。用敏感的胡须感知四周是否存在食物或天敌。捕食鱼类和头足类。通常单独游动，生殖期集成大群聚集在繁殖场，一雄多雌。

地理分布　我国分布于黄海、东海、南海。国外广泛分布于北太平洋。

鲸骑士　绘　樊恩源　供图

5. 北海狮

学　　名	*Eumetopias jubatus*
分类地位	食肉目CARNIVORA，海狮科Otariidae
曾用学名	*Phoca jubata*，*P. leonine*，*Otaria steleri*
英 文 名	Steller Sea Lion，Northern Sea Lion
别　　名	海驴、斯氏海狮、北太平洋海狮
保护级别	国家二级保护野生动物

物种介绍　海狮科最大的一种，雄兽和雌兽的体形差异很大，雄兽的体长为310～350厘米，体重1 000千克以上；雌兽体长250～270厘米，体重大约为300千克。体型瘦长，头顶略凹，眼大，颈长，全身主要为黄褐色，胸部、腹部和鳍肢黑褐色至黑色。性情温和，喜欢集群，非常机警，视觉较差，听觉和嗅觉很灵敏，食性很广，主要捕食乌贼、蚌、海蜇和鱼类等。每年5—8月间繁殖，每胎仅产1仔。一般栖息于寒温带沿岸水域。繁殖时集群可达30头。在海岸线和中上层水域附近觅食。

地理分布　我国分布于渤海和黄海。国外分布于白令海向南至美国加利福尼亚沿海，向西沿阿留申群岛至堪察加半岛沿海，再向南至日本北部沿海。

鲸骑士 绘　樊恩源 供图

6. 西太平洋斑海豹

学 名	*Phoca largha*
分类地位	食肉目CARNIVORA，海豹科 Phocidae
曾用学名	*Phoca chorisii*，*Phoca nummularis*，*Phoca ochotensis*，*Phoca stejnegeri*
英文名	Spotted Seal，Largha（Hair）Seal，Okhosk（Pacific）Harbour Seal，Pallas（Long-toothed）
别 名	斑海豹、海豹、海狗、腽肭兽、大齿巷海豹
保护级别	国家一级保护野生动物

物种介绍 体肥壮而浑圆，呈纺锤形，体侧和背部有深灰色的斑点，体长1.5～2米，体重约100千克。头圆而平滑，眼大，吻短而宽，唇部触须长而硬，呈念珠状，感觉灵敏。没有外耳廓，也没有明显的颈部。四肢短，前后肢都有五趾，趾间有皮膜相连，似蹼状，形成鳍足，指、趾端部具有尖锐的爪。前肢狭小，后肢较大而呈扇形，其趾外侧长而内侧短。尾短小，仅有7～10厘米长，夹于后肢之间，联成扇形。前肢朝前，后肢朝后，不能弯曲，陆地行动迟缓，水中行动灵活。以各种鱼类、甲壳类、头足类等动物为食。一雌一雄制，雌性在3～4岁时达到性成熟，雄性通常需要4～5年才能性成熟。繁殖通常在春季4月或5月，但1月也可能繁殖，初生幼仔有白色绒毛。

地理分布 我国分布于渤海、黄海。国外主要分布于北冰洋的楚科奇海及北太平洋的白令海、鄂霍次克海、日本海。

鲸骑士 绘 樊恩源 供图

7. 髯海豹

学　　名	*Erignathus barbatus*
分类地位	食肉目 CARNIVORA，海豹科 Phocidae
曾用学名	*Phoca barbata*，*Phoca lepechenii*，*Phoca parsonsii*
英 文 名	Bearded Seal，Square Flippers
别　　名	海兔、须海豹、胡子海豹、髭海豹
保护级别	国家二级保护野生动物

物种介绍　体型较大，体长达2～2.5米，体重200～250千克。全身均为棕灰色或灰褐色，以背部中线附近的颜色最深，向腹面逐渐变淡，体表无斑纹，偶见雌兽有暗纹。在洄游时大多分散活动，一般不集成大群，偶尔也能见到1 000只左右的大群。经常移动栖息场所，但不进行较长距离的洄游，夏季喜欢聚集在河口附近。警惕性很高。主要以海洋中的底栖生物为食。一般在3—5月繁殖。

地理分布　我国分布于东海，偶有发现。国外分布于北极周围，一般生活在北纬80°以南，在白令海、鄂霍次克海、西北大西洋也有分布。

鲸骑士 绘　樊恩源 供图

8. 环海豹

学　　名	*Pusa hispida*
分类地位	食肉目 CARNIVORA，海豹科 Phocidae
曾用学名	*Phoca hispida*
英 文 名	Ringed Seal
别　　名	环斑小头海豹、环斑海豹
保护级别	国家二级保护野生动物
物种介绍	是最小的鳍足类动物，最大体长1.68米。因背部皮毛上有银色圆环图案而得名。腹面一般银白，无深色斑。头骨薄。吻部短，眶间区狭。有强壮、厚实的爪子，前爪带蹼。幼仔一出生就有胎毛或白色的羊毛状皮毛。常捕食鳕、红鱼、鲱和毛鳞鱼，也吃大型两栖动物、磷虾、虾类和头足类动物。一雄多雌制，4—5月为繁殖期。
地理分布	我国分布于黄海，偶见。国外分布于北极地区，偶尔会进入加拿大北部的一些湖泊和河流系统。

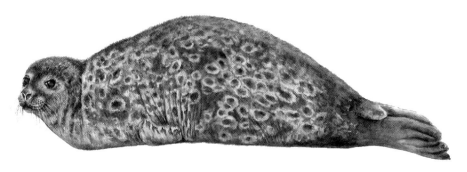

鲸骑士 绘　樊恩源 供图

9. 儒艮

学　　名	*Dugong dugon*
分类地位	海牛目 SIRENIA，儒艮科 Dugongidae
曾用学名	*Trichechus dugon*，*Halicore tabernaculi*
英 文 名	Dugong，Sea Cow，Indian Dugong
别　　名	海牛、海马、人鱼、美人鱼、南海牛
保护级别	国家一级保护野生动物，CITES 附录 I

物种介绍　身体呈纺锤形，体长 2.4 ～ 4 米，体重 230 ～ 400 千克，每胎产 1 仔，野外最大寿命可达 70 年。体色灰，全身有稀疏的短细体毛，唇部长有粗短的刚毛，没有背鳍。雌性乳房位于胸部。行动缓慢，性情温驯。以海藻、水草等水生植物为食，多在距海岸 20 米左右的海草丛中出没，有时随潮水进入河口，取食后又随退潮回到海中，很少游向外海。以 2 ～ 3 头的家族群活动，在隐蔽条件良好的海草区底部生活，定期浮出水面呼吸，常被认作"美人鱼"。

地理分布　我国分布于南海。国外不连续分布于印度洋、西太平洋的热带大陆沿岸水域和岛屿间。

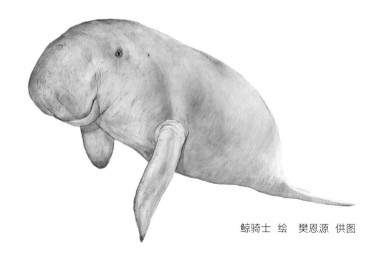

鲸骑士 绘　樊恩源 供图

10. 北太平洋露脊鲸

学　　名	*Eubalaena japonica*
分类地位	鲸目 CETACEA，露脊鲸科 Balaenidae
曾用学名	*Balaena seiboldi*，*Balaena glacialis*，*Eubalaena glacialis japonica*
英 文 名	North Pacific Right Whale
别　　名	黑露脊鲸、北露脊鲸、露脊鲸、黑真鲸、脊美鲸、北真鲸、直背鲸
保护级别	国家一级保护野生动物，CITES 附录 I

物种介绍　是世界上最稀少的鲸，目击记录很少，大多为单头独自活动。成体体长 13 ~ 20 米，体重最大达 100 吨，年龄至少 70 岁。体型肥大短粗，头略超过体长的 1/4。无背鳍。吻拱形，上颌细长向下弯曲呈拱状，下颌两侧向上突出。虽属须鲸，但体腹面平滑无褶沟。身上寄生藤壶类和鲸虱。对其栖息地和食物知之甚少，根据推测可能主要以桡足动物和磷虾等为食。繁殖地可能在近海，夏季明显有向北的迁移，冬季有向南的迁移，但越冬地的位置尚不清楚。

地理分布　我国分布于黄海、东海和南海，少见。国外分布于北太平洋的温带和亚热带水域。

鲸骑士 绘　樊恩源 供图

11. 灰鲸

学　　名 *Eschrichtius robustus*

分类地位 鲸目 CETACEA，灰鲸科 Eschrichtiidae

曾用学名 *Eschrichtius gibbosus*，*Eschrichtius glaucus*，*Rhachianectes glaucus*，*Agaphelus glaucus*

英 文 名 Gray Whale，Grey Whale，California Gray Whale，Grey Back Whale

别　　名 克鲸、腹沟鲸、儿鲸、仔鲸

保护级别 国家一级保护野生动物，CITES 附录 I

物种介绍 成年个体体长 10 ~ 15 米，体重可达 30 吨。全身灰色、暗灰色或蓝灰色，有白色斑点，因此得名。鲸须淡黄色，上、下颌前端多毛。喷气孔有 2 个，位于吻部最高处的稍后方，喷出的雾柱矮粗。嘴角侧面呈弓形，胸部有 2 ~ 4 条纵沟，无褶沟。鳍肢宽厚，前缘凹凸不平，鳍肢有 4 指，缺少第一指。可潜水的深度约 100 米，持续时间可长达 15 分钟。主要以浮游性鱼类、小甲壳类为食。每年进行长距离产仔和索饵迁移。每胎产 1 仔，每年 1—2 月在越冬区浅海岸生产，是唯一在浅海产仔的须鲸。幼仔出生时体长 4 ~ 5 米，一年后可达 9 米。主要天敌为虎鲸。

地理分布 我国分布于黄海、东海和南海（极少，近年仅在平潭发现一例死亡个体）。国外主要分布于北太平洋的东部和西部。

鲸骑士 绘　樊恩源 供图

12. 蓝鲸

学　　名	*Balaenoptera musculus*
分类地位	鲸目 CETACEA，须鲸科 Balaenopteridae
曾用学名	*Balaena musculus*，*Balaenoptera jubartes*，*Balaena borealis*
英 文 名	Blue Whale，Sulphurbottom Whale
别　　名	蓝鳁鲸、剃刀鲸、白长须鲸、蓝须鲸
保护级别	国家一级保护野生动物，CITES 附录 I

物种介绍　是现在世界上最大的动物。身体呈流线形，头宽，上颌扁平，由吻端至呼吸孔有一纵脊。体色深蓝灰色，有银灰色斑纹，全身具白色碎斑。成体雄性平均体长25米，体重达120吨；雌性26.2米，150吨。游泳时露出甚小的背鳍，呼吸时喷出的雾柱高达9米。不集大群，通常多单独或母仔伴游，在索饵期有不同程度的集群。每年有规律地进行南北洄游，夏季游向高纬度水域索饵，冬季游向低纬度水域进行繁殖。食物主要为磷虾。

地理分布　我国分布于黄海、东海和南海。国外广泛分布于全世界海域。

鲸骑士 绘　樊恩源 供图

13. 小须鲸

学　　名	*Balaenoptera acutorostrata*
分类地位	鲸目 CETACEA，须鲸科 Balaenopteridae
曾用学名	*Rorqualus minor*，*Pterobalaena minor*
英文名	Common Minke Whale，Lesser Rorqual，Little Piked Whale
别　　名	小鳁鲸、明克鲸、尖嘴鲸、尖头鲸、缟鳁鲸
保护级别	国家一级保护野生动物，CITES附录Ⅰ，CITES附录Ⅱ（西格陵兰种群）

物种介绍　体短粗，成年体长9～11米，最大体重可达13.5吨。头部较小，正面形似等腰三角形，具一条嵴。背部与体侧呈带有浅蓝色的暗灰或黑灰色，腹面白色，尾叶腹面也呈白色。鳍肢中央部分有一条宽20～35厘米的白色横带。通常单独或2～3头活动，在索饵场有时形成大群。呼吸时喷出的雾柱细而稀薄，高达1.5～2米，消失很快。主食浮游性甲壳类如太平洋磷虾和糠虾，也食鳀、玉筋鱼、青鳞鱼等小型群游性鱼类。

地理分布　我国分布于渤海、黄海、东海和南海。国外广泛分布于全世界海域。

鲸骑士 绘　樊恩源 供图

14. 塞鲸

学　　名	*Balaenoptera borealis*
分类地位	鲸目CETACEA，须鲸科Balaenopteridae
曾用学名	*Balaenoptera arctica*，*Balaenoptera iwasi*，*Balaenoptera laticeps*
英 文 名	Sei Whale，Rudolph's Rorqual
别　　名	鳁鲸、鳕鲸、北须鲸
保护级别	国家一级保护野生动物，CITES附录Ⅰ

物种介绍　体较细长而呈流线形，侧面观略呈拱形，体长12～17米，体重20～30吨，最大45吨。头部长约为体长1/4，背面中央有1条隆起的纵脊。腹褶不到脐，有32～60条。背鳍位置在略小于2/3体长处，其前缘曲成弓状，后缘约与身体成45°，梢端向后。鳍肢尖而较小。尾叶也相对较小。体暗灰色，背部至两侧微带蓝色。身体上常有小的浅色疤痕，使体表呈电镀过的金属色。在腹褶区常有1个白色斑。鳍肢和尾叶腹面与身体同色或略淡。多单独或成对活动，在洄游时常以2～5头为一小群，在食饵密集区可见几十头集群活动。滤取性采食，捕食姿态为迎向食饵张口直接吞噬，以桡足类、磷虾等浮游动物为主要食物。

地理分布　我国分布于黄海、东海和南海。国外广泛分布于全世界海域，尤其是温带海域。

鲸骑士 绘　樊恩源 供图

15. 布氏鲸

学　　名	*Balaenoptera edeni*
分类地位	鲸目 CETACEA，须鲸科 Balaenopteridae
曾用学名	*Balaenoptera brydei*
英 文 名	Bryde's Whale
别　　名	布氏鲸、拟鳁鲸、鳁鲸、拟大须鲸、长褶须鲸、布鲸、南须鲸、

白氏须鲸

保护级别　国家一级保护野生动物，CITES 附录 I

物种介绍　身体细长，呈流线形，体前部较粗，头长而宽。包括两个亚种，体型差异大，近岸分布的体长一般在 13 米以下；远岸分布的可达 15.5 米，体重可达 18.5 吨。头顶部具 3 列平行的嵴，中央的主嵴较高较长，两侧小嵴较低较短。鲸须板灰色，具粗的深色须。体色蓝黑，腹白或淡黄色。背鳍镰形，高达 46 厘米，末端常尖，位于尾鳍缺刻前体长 1/3 处。褶沟 40 ～ 70 条，后达于或越过脐。多单独或小群活动，有时也有 10 ～ 20 头的大群。多在 300 米水深以内的海域活动。以鳀科鱼类、鲱等集群的小型鱼类及磷虾为食。产仔周期 2 年，每次产 1 仔。在野外可以活 50 ～ 70 年，有记录的最老的个体是 72 岁。

地理分布　我国分布于黄海、东海和南海。国外分布于太平洋、印度洋和大西洋，但最常见于热带和亚热带地区。

鲸骑士 绘　樊恩源 供图

16. 大村鲸

学　名	*Balaenoptera omurai*
分类地位	鲸目 CETACEA，须鲸科 Balaenopteridae
曾用学名	无
英 文 名	Omura's Whale，Pygmy Bryde's Whale，Bryde's-like Whale
别　名	无
保护级别	国家一级保护野生动物，CITES 附录 I

物种介绍　体细长，体长约 11 米，体重 10 吨左右。头部前端较尖，其背面中央隆起，有 1 条明显的纵脊从呼吸孔伸达吻端。背鳍高，后缘稍凹陷，呈镰刀形，位于体后端 1/3 处。腹部有褶沟 80 ~ 90 条，细长，伸达脐部。体背部蓝黑色，体侧面灰蓝色。下颌及腹部颜色左右不对称，左侧为灰黑色，右侧为灰白色，这与其他须鲸明显不同。鲸须板每侧约 200 片。鳍肢和尾叶的背面皆蓝黑色，腹面中央灰白色。于 2003 年被命名，以往可能被错误地记录为塞鲸或布氏鲸。

地理分布　我国分布于东海和南海。国外分布于波斯湾和红海（埃及），以及斯里兰卡、科科群岛、东南亚、日本、西澳大利亚、南澳大利亚、所罗门群岛沿海。所有发现记录均在 35°N—35°S。

鲸骑士 绘　樊恩源 供图

17. 长须鲸

学　　名	*Balaenoptera physalus*

分类地位　鲸目 CETACEA，须鲸科 Balaenopteridae

曾用学名　*Balaena boops*，*Balaena physalus*，*Balaena mysticetus major*

英 文 名　Herring Whale，Fin Whale，Common Rorqual，Common Finback Whale

别　　名　鳍鲸、长箦鲸、长皱鲸、长绩鲸

保护级别　国家一级保护野生动物，CITES 附录 I

物种介绍　是世界第二大鲸类，仅次于蓝鲸。体长 19 ～ 24 米，最大体长 27 米，一般体重小于 90 吨，最大约 120 吨。身体呈纺锤形，头部占体长的 1/5 ～ 1/4，头部颜色不对称，头上有纵脊，头部后方有灰白色的"人"字纹，右侧的下唇、口腔以及鲸须的一部分是白色，而左侧则全部都是灰色。有 50 ～ 100 条喉腹褶，长至脐部。背鳍呈弧形，长约 60 厘米。鳍肢小而尖细，尾部宽广，吻部较尖。背面青灰色，腹面白色。以 2 ～ 7 头的群体为主活动，也有更大的集群。滤食性，以集群的小型鱼类、乌贼及甲壳动物（磷虾、糠虾）为食。繁殖周期 2 ～ 3 年，每胎产 1 仔。

地理分布　我国分布于渤海、黄海、东海、南海。国外广泛分布于全世界温带和极地地区的海洋中，在热带海洋中则较不常见。

鲸骑士 绘　樊恩源 供图

18. 大翅鲸

学　　名	*Megaptera novaeangliae*
分类地位	鲸目 CETACEA，须鲸科 Balaenopteridae
曾用学名	*Megaptera nodosa*，*Balaena longimana*
英 文 名	Bunch，Humpback Whale，Hunchbacked Whale
别　　名	座头鲸、驼背鲸、锯臂鲸、子持鲸、长翅鲸、弓背鲸
保护级别	国家一级保护野生动物，CITES 附录 I

物种介绍 成体平均体长雄性为12.9米，雌性为13.7米，体重25 ～ 30吨。头相对较小，扁而平，吻宽，口大，进食时因上下颌间具有特殊韧带结构可使口张开达90°。嘴边有20 ～ 30个肿瘤状的突起。胸鳍极为窄薄而狭长，为鲸类中最大者，几乎达体长的1/3，鳍肢上具有4趾，前缘具不规则的瘤状锯齿，其后缘有波浪状的缺刻，呈鸟翼状，故而得名大翅鲸。背鳍较低，短而小。背部不像其他鲸类那样平直，而是向上弓起，形成一条优美的曲线，故也得名"驼背鲸"。尾鳍宽大，外缘呈不规则钳齿状。腹部具褶沟，有14 ～ 35条，由下颌延伸达脐部。通常身体的背面和胸鳍呈黑色，有斑纹，腹面呈白色。

地理分布 我国分布于黄海、东海和南海。国外广泛分布于全世界海域，包括北冰洋、大西洋和太平洋以及南极洲周围的水域。

鲸骑士 绘　樊恩源 供图

19. 白鱀豚

学　　名	*Lipotes vexillifer*
分类地位	鲸目CETACEA，白鱀豚科Lipotidae
曾用学名	无
英 文 名	Yangtze River Dolphin，White Flag Dolphin，Baiji
别　　名	白鳍豚、白江猪、白旗
保护级别	国家一级保护野生动物，CITES附录Ⅰ

物种介绍　体呈纺锤形，体长1.5～2.6米。吻部呈喙状，窄而长，吻尖略向上翘。眼极小，位于口角后上方。背灰色或蓝灰色，腹面白色。背鳍三角形，鳍肢较宽，末端圆钝。背鳍、鳍肢背面、尾叶均为灰色或青灰色。呼吸时喷出的水花不高，尾鳍并不出水。主要栖息于长江及其支流、湖泊的入口和江心沙洲附近的长江干流中。善潜水，通常以家族集群生活，2～7头成群，有时单独活动或集成更大的群体。生殖间隔2年左右，每胎产1仔。

地理分布　我国特有种，分布于长江中下游，曾在长江口和钱塘江出现。

鲸骑士 绘　樊恩源 供图

20. 恒河豚

学　　名	*Platanista gangetica*
分类地位	鲸目CETACEA，恒河豚科Platanistidae
曾用学名	*Delphinus gangetica*，*Platanista gangetica*，*Platanista gangetica*，*Platanista indi*，*Platanista minor*
英文名	Ganges River Dolphin，Ganges Susu，Gangetic Dolphin
别　　名	恒河海豚
保护级别	国家一级保护野生动物，CITES附录Ⅰ

物种介绍　体长2～4米，体重51～90千克。吻部呈喙状，窄而长，长度有时可及身长的1/5，游动时只能看见整个头部与吻部，所以在某些地区可能会被误认为鳄鱼。眼睛非常小，没有晶状体，等同于失明，仅可以感觉到光的强度与方向，导航与觅食则是使用回声定位。背鳍的位置有三角形的隆起，末端尖锐。前肢及尾鳍与身体相比较大，尾叶柔软。体色范围从淡蓝、层次不同的灰色至暗棕色。腹部的颜色比背部与体侧浅淡，身体中间部分咖啡色。常独自行动，或形成小群，也有30头的大群。主要以鱼虾为食。生殖间隔3年。

地理分布　我国分布于雅鲁藏布江。国外分布于南亚的淡水河流、湖泊中，如恒河、卡拉普里河、布拉马普特拉河。

鲸骑士 绘　樊恩源 供图

21. 中华白海豚

学　　名	*Sousa chinensis*
分类地位	鲸目 CETACEA，海豚科 Delphinidae
曾用学名	*Delphinus chinensis*，*Delphinus sinensis*，*Steno lentiginosus*

英 文 名 Indo-Pacific Humpback Dolphin，Indo-Pacific Hump-backed Dolphin，Chinese White Dolphin

别　　名 太平洋驼海豚、妈祖鱼、镇江鱼、白牛

保护级别 国家一级保护野生动物，CITES 附录 I

物种介绍 体长达2.6 ~ 2.7米，体重150 ~ 200千克，最大体重285千克。背鳍、鳍肢和尾鳍棕灰色。背鳍不高，呈三角形或镰刀形，位于背中央，部分成体背脊隆起。喙长，口线直。喙、额间有"V"形沟。身体粗壮，具有平斜的额部和细长的喙。不同年龄的中华白海豚具有明显的体色和斑点变化。一般来说，初生幼仔为铅黑色无斑，少年个体为铅灰色无斑，青年个体开始出现斑点或浓重斑点，成年个体呈现粉色带部分斑点，老年个体为粉色少斑或无斑。栖息于岸边水较浅的地方。食物主要为鱼类，也吃虾、乌贼等。一般以小群活动，平均4 ~ 5头，偶见几十头的大群。多在5—6月繁殖，每胎产1仔。

地理分布 我国分布于东海、南海，黄海偶见。国外分布于太平洋、印度尼西亚沿海。

鲸骑士 绘　樊恩源 供图

22. 糙齿海豚

学　　名　*Steno bredanensis*

分类地位　鲸目 CETACEA，海豚科 Delphinidae

曾用学名　*Delphinorhynchus bredanensis*，*Delphinus perspicillatus*，*Delphinus chamissonis*，*Delphinus compressus*

英 文 名　Rough-toothed Dolphin，Steno，Black Porpoise

别　　名　糙齿长吻海豚

保护级别　国家二级保护野生动物，CITES 附录 II

物种介绍　体长 2.1 ~ 2.65 米，体重 100 ~ 150 千克。体较粗壮，头圆锥形，吻突较长，但吻与额界线不清，额隆平缓，由吻端向前头部平缓上升。体呈纺锤形。鳍肢大，位置较靠后。背鳍高，后缘略凹。上颌每侧具齿 19 ~ 26 枚，下颌每侧具齿 19 ~ 28 枚。牙齿表面有垂直细皱褶或嵴，此为"糙齿"名字的由来，也是该种区别于其他海豚的主要特征。皮肤大部分呈炭灰色或黑色，腹面具不规则白斑，常呈现粉斑。常见于温带水域，温暖季节可见于 25℃ 的海面，但在较冷季节（17 ~ 24℃）也有发现。集群较大，10 ~ 30 头，有时上百头。食物主要为头足类、大型鱼类，包括银鱼、锯鳐、针带鱼、鲯鳅和乌贼。繁殖周期 2 ~ 5 年。

地理分布　我国分布于东海、南海。国外分布于热带和亚热带海洋。

鲸骑士 绘　樊恩源 供图

23. 热带点斑原海豚

学　名 *Stenella attenuata*

分类地位 鲸目 CETACEA，海豚科 Delphinidae

曾用学名 *Clymene punctata*，*Clymenia capensis*，*Delphinus albirostratus*，*Delphinus brevimanus*

英文名 Pantropical Spotted Dolphin，Spotter，Spotted Porpoise，Spotted Dolphin，Slender-beaked Dolphin，Slender Dolphin，Narrow-snouted Dolphin，Kiko（in Hawaii），Graffman's Dolphin，Cape Dolphin

别　名 无

保护级别 国家二级保护野生动物，CITES附录 II

物种介绍 体长1.6～2.6米，体重90～120千克。雄性比雌性身体长，但雌性具更长的喙。背部深灰色，覆盖较浅的斑点，腹部较浅，覆盖黑色斑点。随年龄的增长，斑点的数目增多，颜色逐渐加深，故称"点斑原海豚"。上下颌两侧各有29～37颗小而圆的牙齿。有胸鳍（两侧）、背鳍（背部中央）和尾鳍。用于呼吸和交流的气孔位于头顶。集群活动，一般少于100头，有时上千头聚集。主要以鱼类、等足类和翼足类动物为食。东太平洋种群妊娠时间为26～36个月，日本附近种群妊娠时间为48个月。繁殖无明显季节性，全年均可繁殖。繁殖周期2～3年，平均每胎产1仔。

地理分布 我国分布于东海、南海。国外分布于大西洋、印度洋和太平洋的热带、亚热带海区。

鲸骑士 绘　樊恩源 供图

24. 条纹原海豚

学 名	*Stenella coeruleoalba*
分类地位	鲸目 CETACEA，海豚科 Delphinidae
曾用学名	*Delphinus coeruleoalbus*，*Delphinus styx*
英 文 名	Striped Dolphin，Euphrosyne Dolphin，Blue-white Dolphin
别 名	条纹海豚、青背海豚
保护级别	国家二级保护野生动物，CITES 附录 II

物种介绍 成年个体体长 1.8 ～ 2.6 米，体重 90 ～ 156 千克。体稍粗，身体细而呈流线形，喙中等长。黑色条纹从眼穿过体侧到达肛门。"V"形肩斑显著而界线分明，从眼区后转而向上扩展。背部浅灰到深灰或蓝灰色，体侧浅灰色，腹部白色，自眼至肛门和眼至鳍肢各有 1 条暗蓝色至蓝黑色的条纹，在眼至肛门条纹前端常分出一条副条纹，向腹面延伸。背鳍中等大小，位于体中央，鳍肢末端稍向后屈。尾柄具很强的嵴。主要以头足类、甲壳类、硬骨鱼类为食。具远洋生活习性。多成数十头至数百头的集群活动，也有上千头的群。游泳速度快，游泳中常跃出水面，喜跟随船只。生殖间隔 3 ～ 4 年，繁殖期有夏季和冬季两个高峰，每胎产 1 仔。

地理分布 我国分布于东海和南海。国外广泛分布于包括地中海在内的全世界热带、亚热带和暖温带海域。

鲸骑士 绘 樊恩源 供图

25. 飞旋原海豚

〰〰〰〰〰〰〰〰〰〰〰〰〰〰〰〰

学　　名	*Stenella longirostris*
分类地位	鲸目 CETACEA，海豚科 Delphinidae
曾用学名	*Delphinus longirostris*，*Delphinus alope*，*Delphinus microps*
英 文 名	Spinner Dolphin，Long-snouted Dolphin，Long-beaked Dolphin
别　　名	长鼻海豚、长吻原海豚
保护级别	国家二级保护野生动物，CITES 附录 II

物种介绍　体长 1.29 ～ 2.35 米，雄性比雌性略大。体型细长，喙长而细，在额隆顶点处的头部也很狭长。背鳍位于体背中部，形状呈三角形，顶端不甚尖而微后倾，后缘稍凹进。尾叶缺刻深。眼至吻突前基与眼至鳍肢各有一条黑色带，上颌黑灰色，下颌白色。成年个体体侧有稀疏灰白色斑点。背鳍、鳍肢及尾叶上下方皆蓝黑色。背部深灰色，侧部浅灰色，腹部白色。生殖器和轴线周围有白色斑块。主要以各种各样的中上层鱼类为食，特别是灯笼鱼；也食鱿鱼，甚至还食甲壳类。每隔 3 年产仔 1 次，幼仔出生时的平均长度为 77.0 厘米。

地理分布　我国分布于东海、南海。国外分布于太平洋、大西洋、印度洋的热带和亚热带水域。

鲸骑士 绘　樊恩源 供图

26. 长喙真海豚

学　　名	*Delphinus capensis*
分类地位	鲸目 CETACEA，海豚科 Delphinidae
曾用学名	*Delphinus delphis bairdii*
英 文 名	Long-beaked Common Dolphin
别　　名	热带真海豚
保护级别	国家二级保护野生动物，CITES 附录 II

物种介绍　体长可达2.4米，雌性比雄性略小。背鳍为三角形。喙比同属的其他物种都更长且更尖。体背面为黑色或深棕色，腹部为白色或米黄色。黑暗的条纹从下颌延伸到鳍肢；眼睛的黑色条纹延伸至喙。其独特的特征是身体一侧有交叉图案，该图案隔开了其背部和腹部的颜色。以小鱼（鲱、沙丁鱼、凤尾鱼）以及鱿鱼和章鱼为食。长喙真海豚是否为独立物种目前存在争议，仍有待进一步确定。

地理分布　我国分布于黄海、东海和南海。国外分布于大西洋和太平洋。

鲸骑士 绘　樊恩源 供图

27. 真海豚

学 名	*Delphinus delphis*
分类地位	鲸目CETACEA，海豚科Delphinidae
曾用学名	*Delphinus tropicalis*
英 文 名	Common Dolphin，Saddleback Dolphin
别 名	普通海豚、海豚、短吻型真海豚
保护级别	国家二级保护野生动物，CITES附录II

物种介绍 雄性最大体长2.6米，雌性2.5米。体重一般75千克以下。体色复杂，具"十"字交叉状色斑。体背部黑色或蓝黑灰色，腹部白色，体侧由鳍肢至肛门的上方有前后两个弧形浅色区，该两弧线在背鳍下方交叉，形成较深的"V"形黑色区，体侧前部黄土色或灰白色，尾侧部灰色。背鳍较高，近三角形或镰刀形，背鳍中央部分有三角形白斑。鳍肢镰状，末端尖。尾鳍宽大，缺刻深。以头足类和群游性鱼类为食。多成数十头至数百头的大群，活动敏捷，游泳时常跳出水面。生殖间隔2～3年，每胎产1仔。

地理分布 我国分布于渤海、黄海、东海、南海。国外分布于所有热带、亚热带和暖温带海域，包括地中海和黑海。

鲸骑士 绘 樊恩源 供图

28.印太瓶鼻海豚

学　　名	*Tursiops aduncus*
曾用学名	*Delphinus aduncus*
分类地位	鲸目 CETACEA，海豚科 Delphinidae
英 文 名	Indo-Pacific Bottlenose Dolphin
别　　名	南宽吻海豚、南瓶鼻海豚
保护级别	国家二级保护野生动物，CITES附录 II

物种介绍　成年体长175 ～ 400厘米，体重约230千克。身体呈纺锤状，较粗壮。喙短，背部全黑，腹部全白，侧面为深灰色至淡灰色，背鳍高而呈镰刀状。腹部斑点随年龄和地理位置的不同而异。雄性具有明显的肛门和生殖器开口。主要以硬骨鱼为食，其次是头足类动物。每隔3 ～ 6年产仔1次，妊娠期12个月，每次产1仔。

地理分布　我国分布于东海、南海。国外分布于非洲大陆南部沿海至澳大利亚西海岸。

鲸骑士 绘　樊恩源 供图

29. 瓶鼻海豚

学　　名	*Tursiops truncatus*
分类地位	鲸目CETACEA，海豚科Delphinidae
曾用学名	*Delphinus truncatus*，*Tursiops catalania*，*Tursiops gillii*
英 文 名	Bottlenose Dolphin
别　　名	宽吻海豚、尖嘴海豚
保护级别	国家二级保护野生动物，CITES附录II

物种介绍　平均体长2.9米，最大可达3.9米，雄性成体体长大于雌性。中部粗圆，从背鳍往后逐渐变细。喙粗短，额隆稍凸。体色背部深灰、腹面浅灰。背鳍中等高度，镰刀形，基部宽，位于身体中央。鳍肢中等长度，末端尖。尾鳍后缘中央有缺刻。主要以群栖性鱼类、鱿鱼和甲壳类动物为食。集群一般小于20头，但也可多达数百头。生性活泼，常跃出水面1～2米高，常与伪虎鲸群混游。生殖间隔2～3年，每次产1仔。

地理分布　我国分布于渤海、黄海、东海和南海。国外广泛分布于大西洋、太平洋和印度洋的热带、亚热带和暖温带海域，包括地中海和黑海。

鲸骑士 绘　樊恩源 供图

30. 弗氏海豚

学　　名	*Lagenodelphis hosei*
分类地位	鲸目CETACEA，海豚科Delphinidae
曾用学名	无
英 文 名	Sarawak Dolphin，Fraser's Dolphin，Bornean Dolphin
别　　名	沙捞越海豚
保护级别	国家二级保护野生动物，CITES附录Ⅱ

物种介绍 体长一般为1.8～2.3米。吻突短。背鳍呈三角形，雄性大于雌性。鳍肢较小，末端尖。尾鳍也较小，末端尖，缺刻深。体背部蓝黑色或灰褐色，腹部白色。最明显的特征为体侧有暗色带，体侧黑色带与腹侧面白色区界线鲜明。主要以鱼类为食，也食鱿鱼、墨鱼和虾。几乎全年均可繁殖，夏季可能会达到顶峰。

地理分布 我国分布于东海和南海。国外分布于印度洋、太平洋、大西洋的热带和亚热带水域。

鲸骑士 绘　樊恩源 供图

31. 里氏海豚

学　　名	*Grampus griseus*
分类地位	鲸目 CETACEA，海豚科 Delphinidae
曾用学名	*Delphinus aires*，*Delphinus rissoanus*，*Delphinus risso*
英 文 名	Risso's Dolphin，Grey Grampus，Grampus
别　　名	灰海豚、花纹鲸、纹身海豚、黎氏海豚、花鲸
保护级别	国家二级保护野生动物，CITES 附录 II

物种介绍　成体体长 2.6 ～ 4 米，平均体重 400 千克左右，雌雄情况相似。最大体长 3.6 ～ 4 米，体重最大可达 500 千克；新生仔的身长为 1.1 ～ 1.5 米，平均出生重为 20 千克。前额钝，具"V"形沟纹，无喙。成体布满卵形疤痕和擦痕。身体背鳍前粗壮，背鳍后较细。体色为浅灰或褐色，幼时几乎全黑色，后随着年龄变浅。背鳍高而呈镰刀形，位于体中央。鳍肢长而尖且弯曲，尾鳍宽，中央缺刻深。上颌没有牙齿，但下颌却有 2 ～ 7 对尖钉状牙齿。主要以头足类和甲壳类为食，最喜食乌贼，也食鱼类。通常以 10 头至几十头为群，也有数百头的大群，有时同其他种类海豚混群，具远洋习性。

地理分布　我国分布于东海、南海。国外分布于世界所有温带、热带和亚热带的深水海域。

鲸骑士 绘　樊恩源 供图

32. 太平洋斑纹海豚

学　　名	*Lagenorhynchus obliquidens*
分类地位	鲸目CETACEA，海豚科Delphinidae
曾用学名	*Sagmatias obliquidens*
英 文 名	Pacific White-sided Dolphin，Gill's Dolphin
别　　名	太平洋短吻海豚、太平洋白边海豚、镰鳍海豚、镰鳍斑纹海豚、短吻海豚
保护级别	国家二级保护野生动物，CITES附录II

物种介绍　体长为1.7 ~ 2.5米，平均2.0米，雄性可达2.5米，而雌性仅为2.3米。成体体重135 ~ 180千克，但雄性可重达200千克。新生仔长0.9 ~ 1.05米，重约15千克。体形较粗壮，头部吻突短而扁，口较小，眼小、近圆形。体背黑色或黑灰色，腹面白色。背鳍比较高大，颜色前深后浅。具有多条白色或浅灰色的色带。冬、春季多栖息在低纬度沿岸暖温水域，夏、秋季多栖息于海洋深水区或向北游入高纬度水域。主要捕食小型鱼类和软体动物。经常聚成几十头至数百头的群体。妊娠期9 ~ 12个月，繁殖间隔1年。

地理分布　我国分布于东海和南海。国外主要分布于北太平洋以及相邻的温带水域。

鲸骑士 绘　樊恩源 供图

33. 瓜头鲸

学　名　*Peponocephala electra*

分类地位　鲸目CETACEA，海豚科Delphinidae

曾用学名　*Delphinus fusiformis*，*Delphinus pectoralis*，*Electra asia*，*Electra electra*，*Electra fusiformis*

英 文 名　Melon-headed Whale，Electra Dolphin，Melon-headed Dolphin，Many-toothed Blackfish，Indian Broad-beaked Dolphin，Hawaiian Blackfish

别　名　无

保护级别　国家二级保护野生动物，CITES附录II

物种介绍　成体体长约2.6米，最大体长2.75米；体重约为228千克，最大体重275千克。体色大多为深灰色，背侧头部的颜色逐渐变暗，呈暗灰色。有明显的黑眼斑，上下唇通常是白色的，喉部常见白色或浅灰色区域。头部呈圆锥形，狭窄且逐渐变细，似尖瓜状，因而得名。无吻突。鳍肢相对较长，约为体长的20%。通常以乌贼和小鱼为食。妊娠期约12个月。

地理分布　我国分布于东海、南海。国外分布于40°N—30°S的热带和亚热带海洋水域中，大多数集中在20°N—20°S。

鲸骑士 绘　樊恩源 供图

34. 虎鲸

学 名	*Orcinus orca*
分类地位	鲸目CETACEA，海豚科Delphinidae
曾用学名	*Orcinus glacialis*，*Delphinus orca*，*Delphinus serra*
英文名	Killer Whale
别 名	逆戟鲸、恶鲸、杀人鲸
保护级别	国家二级保护野生动物，CITES附录Ⅱ

物种介绍 平均体长8米，最大记录是9.75米，雄性体重约5.5吨，雌性体重约3.8吨。身体大小、鳍肢大小和背鳍高度有明显的性二型。身体上的颜色黑白分明，背部为漆黑色，在鳍的后面有一个马鞍形的灰白色斑，两眼的后面各有一块梭形的白斑。腹面大部分为白色。背鳍极高而宽，雌性为镰刀形，雄性为三角形。鳍肢宽面短。主食乌贼和鱼类，也以海豚、海狗、海狮及海豹为食，甚至袭击大型鲸类。虎鲸经常组成5～10头的小群合作捕食，制造海浪将冰击碎或直接使海豹落入水中，进而捕食。也有30～40头的大群出现。生殖间隔为4～7年，每胎产1仔。

地理分布 我国分布于渤海、黄海、东海、南海。国外广泛分布于全世界海域。

鲸骑士 绘 樊恩源 供图

35. 伪虎鲸

学　名　*Pseudorca crassidens*

分类地位　鲸目CETACEA，海豚科Delphinidae

曾用学名　*Phocaena crassidens*，*Orca crassidens*，*Meridionalis*，*Destructor*，*Globicephalus grayi*，*Melas*

英文名　False Killer Whale

别　名　拟虎鲸、虎头鲸

保护级别　国家二级保护野生动物，CITES附录 II

物种介绍　体长4.3 ~ 6米，体重1.1 ~ 2.2吨。全身的体色均为黑色。头圆、口大，口裂朝着眼睛的方向切入。无喙，上颌比下颌略微前突。背鳍较厚大且较近前背，胸鳍较长且前端无凸出。喜欢集群，通常集成10 ~ 60头的群体。食物主要为乌贼和鱼类。生殖间隔7 ~ 8年。妊娠期11 ~ 15.5个月，每次产1仔。

地理分布　我国分布于渤海、黄海、东海和南海。国外分布于暖温带到热带的深水海域。

鲸骑士 绘　樊恩源 供图

36. 小虎鲸

学　名　*Feresa attenuata*

分类地位　鲸目CETACEA，海豚科Delphinidae

曾用学名　*Delphinus intermedius*，*Ferasa attenuate*，*Feresa intermedia*，*Grampus intermedius*，*Orca intermedia*

英文名　Slender Blackfish，Pygmy Killer Whale，Feresa，Blackfish

别　名　矮鲸

保护级别　国家二级保护野生动物，CITES附录II

物种介绍　体长2.1～2.6米，体重110～225千克。体形与伪虎鲸很相似，身体深灰黑色，有明显的腹部，无吻突，下颌弯曲。体背每侧各有1条暗色的披肩（从额至背鳍后方的深色区）。唇缘白色。背鳍为三角形，上端尖，后缘略微凹入，位于身体的中部。鳍肢的位置很靠前，长约为体长的1/8，末端较钝，呈宽圆形。下颌有1～13个圆锥形大牙齿，上颌有8～11对牙齿。食头足类、大型鱼类和较小的鲸类。通常形成10～50头的群体。生殖间隔短，每次产1仔。

地理分布　我国分布于东海和南海。国外分布于温带、亚热带和热带的深水海域。

鲸骑士 绘　樊恩源 供图

37. 短肢领航鲸

〰〰〰〰〰〰〰〰〰〰〰〰〰

学　　名　*Globicephala macrorhynchus*

分类地位　鲸目CETACEA，海豚科Delphinidae

曾用学名　*Globicephala sieboldii*，*Globicephala brachycephala*，*Globicephala chinensis*，*Globicephala indica*，*Globicephala macrorhyncha*，*Globicephala mela*，*Globicephala scammony*

英 文 名　Southern Blackfish，Short-finned Pilot Whale，Indian Pilot Whale，Bubble，North Pacific Pilot Whale

别　　名　短鳍领航鲸

保护级别　国家二级保护野生动物，CITES附录Ⅱ

物种介绍　平均体长4～6米，雄性比雌性大，最长7.2米，体重1～3.6吨。前额圆，上颌额部膨隆，向前突出，吻部特别短。从侧面看，头与躯干部界线极不明显，头显得很大。口极大，口裂由头部前下方往后下方切入。身体黑色或黑褐色，喉咙和胸部有类似灰白色的斑纹，背鳍周围有一个灰白色鞍形斑块，腹部有锚形斑块。有细长的鳍肢，向后弯曲。以头足类为主要食物，也食小鱼。一般10～30头集群，最多可达60头。生殖间隔5～8年，每次产1仔。

地理分布　我国分布于东海、南海。国外分布于大西洋、太平洋和印度洋的热带和温带海域。

鲸骑士 绘　樊恩源 供图

38．长江江豚

学　　名　*Neophocaena asiaeorientalis*

分类地位　鲸目 CETACEA，鼠海豚科 Phocoenidae

曾用学名　*Neophocaena asiaeorientalis asiaeorientalis*，*Neomeris phocaenoides*

英　文　名　Yangtze Finless Porpoise

别　　名　扬子江江豚、江猪、窄脊江豚、江豚

保护级别　国家一级保护野生动物，CITES附录 I

物种介绍　全世界唯一的江豚淡水种类。成年体长1.2 ～ 1.6米，体重50 ～ 70千克，寿命约20年。头部较短，近似圆形，额部稍微向前凸出，吻部短而阔，上、下颌几乎一样长，牙齿短小，左右侧扁呈铲形。眼睛较小，不明显。无背鳍，鳍肢较大，呈三角形，末端尖。后背有较矮的背嵴，上面具有0.2 ～ 0.6厘米的疣粒区。全身为蓝灰色或瓦灰色，腹部颜色浅亮。一些个体在腹面的两个鳍肢基部和肛门之间的颜色变淡，有的还带有淡红色，特别是在繁殖期尤为明显。性成熟年龄大约是6岁，每次产1仔。妊娠期约1年，哺乳期超过6个月。食物包括青鳞鱼、玉筋鱼、鳗、鲈、鲚、大银鱼等。

地理分布　我国特有种，分布于长江中下游、洞庭湖、鄱阳湖以及部分支流中。

鲸骑士 绘　樊恩源 供图

39. 东亚江豚

学　　名　*Neophocaena sunameri*

分类地位　鲸目CETACEA，鼠海豚科 Phocoenidae

曾用学名　*Neophocaena asiaeorientalis sunameri*，*Neophocaena phocaenoides*

英　文　名　East Asian Finless Porpoise

别　　名　无

保护级别　国家二级保护野生动物，CITES附录 I

物种介绍　身体细长，是三种江豚中最大的种类。雄性大于雌性，体长可达2.3米，体重100千克。头部较短，近似圆形，额部稍微向前凸出，吻部短而阔，上下颌几乎一样长，牙齿短小。体色呈灰褐色，在北方部分水域的个体呈灰白色，在海水中十分醒目。身体上有较大的胸鳍，无背鳍。有较矮的背嵴，背嵴上和前背部有直径1毫米左右的疣粒，疣粒区宽0.2 ~ 1.2厘米，比长江江豚稍宽，但比印太江豚窄。食物包括乌贼和章鱼等软体动物，竹笑鱼和沙丁鱼等鱼类。

地理分布　我国分布于渤海、黄海和东海。国外分布于韩国、日本沿海。

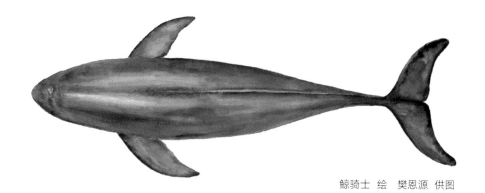

鲸骑士 绘　樊恩源 供图

40. 印太江豚

学　　名	*Neophocaena phocaenoides*
分类地位	鲸目 CETACEA，鼠海豚科 Phocoenidae
曾用学名	*Neomeris phocaenoides*
英 文 名	Indo-Pacific Finless Porpoise
别　　名	江猪、海猪、海和尚、露脊鼠海豚
保护级别	国家二级保护野生动物，CITES 附录 I

物种介绍　体长 1.4 ~ 1.7 米，最大 1.9 米；体重一般 39 千克左右。头圆，无喙突，身体呈纺锤形。无背鳍，仅在应有背鳍处有宽 3 ~ 4 厘米、高 2 ~ 4 厘米的皮肤隆起。鳍肢较宽大，呈三角形，末端尖；尾鳍宽阔，为体长的 1/4，后缘凹入，呈新月形。体色灰黑，腹部较浅。有较矮的背嵴，背嵴上和前背部有直径 1 毫米左右的疣粒，疣粒区宽 4.8 ~ 12 厘米，远大于长江江豚和东亚江豚。食性很广，以鱼类为主，也吃虾类和头足类。为热带及温带近岸型豚类，多在近岸区域、咸淡水交汇的水域或支流河口活动。一般单独或 2 ~ 5 头一起活动，偶见约 20 头的集群。

地理分布　我国分布于东海和南海。国外分布于印度洋、东太平洋沿岸。

鲸骑士 绘　樊恩源 供图

41. 抹香鲸

学　　名	*Physeter macrocephalus*
分类地位	鲸目 CETACEA，抹香鲸科 Physeteridae
曾用学名	*Physeter catodon*，*Physeter microps*，*Physeter tursio*
英　文　名	Sperm Whale，Cachalot
别　　名	巨头鲸
保护级别	国家一级保护野生动物，CITES 附录 I

物种介绍　雄性体长15 ~ 20米，雌性10 ~ 15米，初生幼鲸约4米。成年体重20 ~ 25吨，最大者达60吨。头巨大，呈箱状，占身体长度的2/5，内含大量鲸脑油。下颌较小，仅下颌有圆锥状牙齿。背具圆的隆起，身体中后段的皮肤表面通常有许多水平方向的褶皱。体色通常为深棕灰色，腹部和头的前部为灰白色。随年龄增长，雄性会变苍白或带花斑。背鳍位于从吻部到身体的2/3处，沿背中线具一系列圆形或三角形的隆突。鳍肢呈宽叶状，尾叶宽，中央缺刻深。主要以大型章鱼、乌贼和底栖鱼类为食，但也吃鲨和鳐。喜群居，往往由少数雄鲸和大群雌鲸、仔鲸集成大群。生殖间隔为3 ~ 5年，每胎产1仔。

地理分布　我国分布于黄海、东海、南海。国外分布于热带和温带海域，除黑海外，几乎所有超过1 000米深的海洋都有分布。

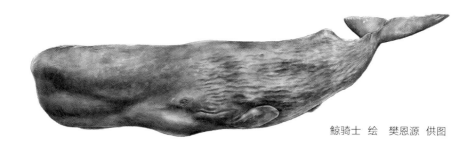

鲸骑士 绘　樊恩源 供图

42. 小抹香鲸

学 名	*Kogia breviceps*

分类地位 鲸目 CETACEA，抹香鲸科 Physeteridae

曾用学名 *Cogia breviceps*，*Euphiseles pottsi*，*Euphysetes grayii*，*Euphysetes macleayi*

英文名 Pygmy Sperm Whale

别 名 侏抹香鲸

保护级别 国家二级保护野生动物，CITES 附录 II

物种介绍 小型鲸类，雌雄平均体长约3米，出生时约为55千克。鼻子和头部大约占身体长度的15%。头部呈圆锥形，下颌突出。鳍状肢短而宽，背鳍小而弯曲。头骨宽阔呈三角形，两侧各有12～16颗牙齿。气孔向左稍微移位。体色偏灰，带有明显的粉红色，腹部呈浅灰色。单独或集小群活动，性胆怯，活动缓慢，偶有跳水现象。主要吃鱿鱼、虾、鱼和蟹，更喜欢深水觅食。平均寿命17年。通常在夏季交配，妊娠期约为9个月，每胎产1仔。

地理分布 我国分布于东海和南海。国外分布于印度洋、大西洋、太平洋较温暖的水域。

鲸骑士 绘 樊恩源 供图

43. 侏抹香鲸

学　　名	*Kogia sima*
分类地位	鲸目CETACEA，抹香鲸科 Physeteridae
曾用学名	*Kogia simus*
英 文 名	Dwarf Sperm Whale
别　　名	拟小抹香鲸、倭抹香鲸
保护级别	国家二级保护野生动物，CITES 附录 II

物种介绍　体长2.1 ～ 2.5米，极个别可达2.7米，体重135 ～ 270千克。身体背面蓝灰色，侧面为较浅灰色，腹面暗白色或带一些粉红色。镰刀形背鳍位于背中点。头部方形，约为身体长度的1/6，是所有鲸目动物中最短的。气孔位于头部中线的左侧，导致头骨明显不对称。头部两侧在眼睛和鳍肢前可能有一个浅色的新月形标记，被称为"假鳃"。下颌有7 ～ 13对锋利、弯曲、同源的牙齿，而上颌则有3对锋利、细小、缺乏釉质的残余牙齿。喉部区域有几个短的纵向折痕。不集大群，通常为10头以下的小群。食物以头足类为主，特别是鱿鱼和章鱼，也吃鱼类和甲壳类。

地理分布　我国分布于东海和南海。国外分布于暖温带和热带海域，在45°S—45°N。

鲸骑士 绘　樊恩源 供图

44. 鹅喙鲸

学　名　*Ziphius cavirostris*

分类地位　鲸目 CETACEA，喙鲸科 Ziphiidae

曾用学名　*Hyperoodon doumetii*，*Ziphius grebnitzkii*

英文名　Cuvier's Beaked Whale，Goose Beaked Whale

别　名　柯氏喙鲸、古氏剑吻鲸、贫齿鲸、剑吻鲸

保护级别　国家二级保护野生动物，CITES 附录 II

物种介绍　最大体长7.5米。仅雄性在下颌端部具2枚圆锥形的牙齿，而雌性不冒出。头相对小。前额逐渐倾斜，吻突短而不明显。头顶有一浅凹，随年龄增长而愈加明显。下颌超出上颌。身体壮实。体色变异很大，背面是深的锈褐色，腹面通常较浅。腹面和体侧具有白色的线形疤痕，通常还具有白色或淡黄色的卵圆斑块。有一个相对高的鳍（40厘米），位于吻端至体背后2/3处。喜栖息于深海区，主要以乌贼和底栖鱼类为食，也捕食甲壳类。通常单独或成3～5头的小群活动。

地理分布　我国分布于东海和南海。国外分布于极地以外的所有海域。

鲸骑士 绘　樊恩源 供图

45. 柏氏中喙鲸

学　　名	*Mesoplodon densirostris*
分类地位	鲸目CETACEA，喙鲸科 Ziphiidae
曾用学名	*Delphinus densirostris*，*Ziphius sechellensis*，*Nodus densirostris*
英文名	Blainville's Beaked Whale
别　　名	瘤齿喙鲸
保护级别	国家二级保护野生动物，CITES 附录 II

物种介绍　体长4～5米，体重820～1 030千克。身体长而窄，头小，喙短，额隆低，喙与额隆之间无折痕分界。呼吸孔新月形，凹面向前。两下颌间有1对"V"形的喉沟。尾叶大，后缘直，中央没有缺刻。腹侧呈浅灰色。体表有圆形或椭圆形的白色疤痕和齿痕。在深水中捕食猎物，通常潜入500～1 000米，并在水下停留20～45分钟。主要食物为头足类。性成熟年龄估计为9岁。

地理分布　我国分布于东海和南海。国外分布于热带、亚热带海域。

鲸骑士 绘　樊恩源 供图

46. 银杏齿中喙鲸

学　　名	*Mesoplodon ginkgodens*
分类地位	鲸目 CETACEA，喙鲸科 Ziphiidae
曾用学名	*Mesoplodon densirostris*，*Mesoplodon bidens*
英 文 名	Ginko-toothed Beaked Whale，Japanese Beaked Whale
别　　名	杏齿喙鲸、日本喙鲸、银杏扇齿鲸
保护级别	国家二级保护野生动物，CITES 附录 II

物种介绍　最大体长5米，体重1 500千克。雄鲸的牙齿似银杏叶。前额略隆突。呼吸孔新月形，凹面向前。喙较狭长，下颌略长于上颌。下颌齿靠近喙中部，在中喙鲸属中最宽。身体粗壮，雄性暗灰色，雌性颜色较浅，腹部和体侧具卵圆形白色疤痕，数量较少。背鳍小而弯曲。鳍肢叶状，末端尖。尾叶大小正常，无缺刻。以头足类和中上层鱼类为食，也吃甲壳类动物。

地理分布　我国分布于黄海、东海、南海。国外分布于北太平洋和北印度洋暖温带和热带水域。

鲸骑士 绘　樊恩源 供图

47. 小中喙鲸

学　　名	*Mesoplodon peruvianus*
分类地位	鲸目CETACEA，喙鲸科 Ziphiidae
曾用学名	无
英 文 名	Pygmy Beaked Whale，Peruvian Beaked Whale，Lesser Beaked Whale，Bandolero Beaked Whale
别　　名	秘鲁中喙鲸
保护级别	国家二级保护野生动物，CITES附录II

物种介绍　体长3.4 ～ 3.7米。身体呈纺锤形。额隆在喷气孔前方鼓起，以相当陡的角度与吻突连接，吻突曲线朝后方弯曲上翘。短而深色的喙在狭窄的头部前方，并在气孔处形成凹痕。成年雄鲸下颌有2颗牙齿，位于吻突尖端后方，仅稍微突出下颌骨，当它们闭上吻突时便看不见。成鲸背部与侧面普遍为暗灰色，腹面则浅得多，特别是在下颌、喉咙与脐前方。背鳍呈三角形，基部较宽，位于吻突至背部后2/3处。尾叶没有缺口，其尖端略尖。以中层和深海鱼类以及鱿鱼为食。

地理分布　我国分布于东海。国外分布于秘鲁沿海以外的中层至深海水域。

鲸骑士 绘　樊恩源 供图

48. 贝氏喙鲸

学　　名	*Berardius bairdii*
分类地位	鲸目 CETACEA，喙鲸科 Ziphiidae
曾用学名	*Berardius vegae*，*Berardius bairdi*
英文名	Baird's Beaked Whale，North Pacific Bottlenose Whale
别　　名	贝氏喙鲸、贝喙鲸、槌鲸
保护级别	国家二级保护野生动物，CITES 附录 II

物种介绍 雌性最大体长12.9米，雄性12.0米。头部具长喙，约为体长的1/8。上颌无齿，仅下颌具2对齿。鳍肢较长，为体长的1/9 ~ 1/8。背鳍小，三角形。尾鳍大，宽为体长的1/4。喉部皮肤上有"V"形沟，沟长约60厘米。全身瓦灰色，腹面稍淡，有的胸部或腹部具白斑，皮肤上常有许多白色伤疤。鳍肢、尾鳍的颜色几乎与背部相同。主要以深海鱼类、乌贼和甲壳类为食，也吃一些中上层鱼类，如沙丁鱼和秋刀鱼，以及海鞘、海参、海星、毛贻贝等底栖动物。为深潜水者。喜群游。

地理分布 我国分布于东海和南海。国外分布于北太平洋。

鲸骑士 绘　樊恩源 供图

49. 朗氏喙鲸

学　　名 *Indopacetus pacificus*

分类地位 鲸目 CETACEA，喙鲸科 Ziphiidae

曾用学名 *Mesoplodon pacificus*

英 文 名 Longman's Beaked Whale，Tropical Bottlenose Whale，Indo-
Pacific Beaked Whale

别　　名 朗氏中喙鲸

保护级别 国家二级保护野生动物，CITES 附录 II

物种介绍 体长为4~9米,平均体长约为6.5米。具有突出的细长喙。喉头也有两个凹槽,形成"V"形,尾鳍没有缺口。具有朝前凹的气孔。背鳍比大多数喙鲸的更大。下颌仅包含1对不从颌突出的椭圆形牙齿。皮肤颜色在棕色和蓝灰色之间变化,并在侧面和头部周围变浅。雄性体型更大,性成熟更晚。深潜可达1000米。以头足类动物为食。

地理分布 我国分布于东海和南海。国外分布于太平洋和印度洋。

鲸骑士 绘　樊恩源 供图

第二部分

爬行动物

1. 平胸龟

学　　名	*Platysternon megacephalum*
分类地位	龟鳖目TESTUDINES，平胸龟科Platysternidae
曾用学名	无
英 文 名	Big-headed Turtle
别　　名	鹰嘴龟
保护级别	国家二级保护野生动物（仅限野外种群），CITES附录Ⅰ

物种介绍 体扁平，头大而不能缩入壳内。头背覆盖整块完整的盾片，上下颚钩曲呈鹰嘴状。背甲近似长椭圆形，前缘中部向后凹陷。尾长可达腹甲长的2/3，甚至超过腹甲长，覆有矩形鳞片，环绕尾纵轴排列。指、趾具锐利的长爪，指、趾间具蹼。水生，栖息于海拔200～2 000米多石的山溪。以鱼类、螺类、虾、蠕虫、蚯蚓、蛙类等为食。5—7月产卵，窝卵数4～8枚。

地理分布 我国分布于江苏、浙江、安徽、福建、江西、湖南、广东、香港、海南、广西、贵州、云南等地。国外分布于越南、老挝、泰国、缅甸、柬埔寨。

龚世平 摄

2. 欧氏摄龟

学　名	*Cyclemys oldhamii*
分类地位	龟鳖目TESTUDINES，地龟科Geoemydidae
曾用学名	*Cyclemys tiannanensis*，*Cyclemys shanensis*
英文名	Southeast Asian Leaf Turtle
别　名	齿缘龟、滇南齿缘龟、棕黑摄龟
保护级别	国家二级保护野生动物，CITES附录Ⅱ

物种介绍　背甲卵圆形，微隆起，脊棱明显，侧棱略显，后缘锯齿状。背甲棕黑色或浅棕色，每块盾片具黑色或深褐色放射状纹。腹甲每块盾片具黑色或深褐色放射状纹。头顶部皮肤光滑无鳞，具有密集的黑色斑点，头颈部一般有淡黄色纵纹。四肢被黄棕色鳞片。指、趾间具蹼。常栖息于低海拔山区溪流和池塘中。杂食性。4—7月产卵，窝卵数2～4枚。

地理分布　我国分布于云南。国外分布于柬埔寨、泰国、缅甸、老挝、越南。

龚世平　摄

3. 黑颈乌龟

学　名 *Mauremys nigricans*

分类地位 龟鳖目TESTUDINES，地龟科Geoemydidae

曾用学名 *Emys nigricans*，*Chinemys nigricans*，*Clemmys nigricans*，*Geoclemys kwangtungensis*

英文名 Chinese Red-necked Turtle，Red-necked Pond Turtle

别　名 广东乌龟

保护级别 国家二级保护野生动物（仅限野外种群），CITES附录 II

物种介绍 背甲呈长椭圆形，中部隆起，脊棱明显，无侧棱，棕褐色至黑色。腹甲黄白色或黄棕色，有大块不规则黑斑，成年雄性腹甲呈红棕色或橘红色。头颈部黑色或黑褐色，侧面有浅黄色或白色条纹，成年雄性头颈部泛橘红色。四肢黑色无条纹，成年雄性四肢基部泛橘红色。指、趾间具蹼。栖息于丘陵、山区的溪流、池塘。杂食性。4—7月产卵，窝卵数4～13枚。

地理分布 我国分布于广东、广西、福建（？）、海南（？）。国外分布于越南北部（？）。

龚世平　摄

4. 乌龟

学　　名　*Mauremys reevesii*

分类地位　龟鳖目TESTUDINES，地龟科Geoemydidae

曾用学名　*Emys reevesii*，*Chinemys reevesii*，*Geoclemys reevesii*，*Chinemys megalocephala*

英 文 名　Reeves' Turtle，Chinese Three-keeled Pond Turtle

别　　名　中华草龟、草龟、大头乌龟

保护级别　国家二级保护野生动物（仅限野外种群），CITES附录Ⅲ（中国）

物种介绍　背甲呈长椭圆形，中部隆起，脊棱和侧棱明显，雌性棕褐色，雄性黑色。雌性腹甲棕黄色，每一盾片有黑褐色大斑块，部分个体腹甲呈现整体黑色。头颈部为橄榄色或黑褐色，头颈部侧面及咽喉部有黄色或黄白色不规则斑纹或条纹，成年雄性斑纹不明显。四肢灰褐色或黑色无条纹，指、趾间具蹼。栖息于江河、湖沼、池塘。杂食性。4—7月产卵，窝卵数5～8枚。

地理分布　我国分布于江苏、浙江、安徽、福建、江西、山东、河南、湖北、湖南、四川、贵州、陕西、甘肃、台湾、广东、广西、香港、澳门等地。国外分布于日本、朝鲜和韩国。

龚世平 摄

5. 花龟

学　　名　*Mauremys sinensis*

分类地位　龟鳖目 TESTUDINES，地龟科 Geoemydidae

曾用学名　*Emys sinensis*，*Clemmys sinensis*，*Ocadia sinensis*

英 文 名　Chinese Stripe-necked Turtle

别　　名　中华花龟、六线草、中华条颈龟

保护级别　国家二级保护野生动物（仅限野外种群），CITES 附录 III

物种介绍　背甲呈长椭圆形，中部隆起，脊棱明显，侧棱由肋盾突起链接而成，呈断续状；背甲棕黑色或棕色，脊棱黄棕色或黄白色。腹甲黄白色或棕黄色，每一盾片有大块不规则暗色斑。头背皮肤光滑，栗色；头的侧面及喉部浅黄色，头两侧各约有8条黄色纵纹，自吻端经过眼延伸至颈基部。四肢背面栗色，指、趾间具蹼。栖息于低海拔河流、池塘。杂食性，偏植食性。2—6月产卵，窝卵数5 ~ 18枚。

地理分布　我国分布于福建、台湾、广东、广西、海南等地。国外分布于越南。

龚世平　摄

6. 黄喉拟水龟

学　　名 *Mauremys mutica*

分类地位 龟鳖目 TESTUDINES，地龟科 Geoemydidae

曾用学名 *Emys mutica*，*Clemmys mutica*，*Geoclemys mutica*

英 文 名 Yellow Pond Turtle

别　　名 石龟、黄龟

保护级别 国家二级保护野生动物（仅限野外种群），CITES 附录 II

物种介绍 背甲呈长椭圆形，中部隆起，脊棱明显，侧棱较弱，棕黄色或灰棕色。腹甲黄色，每枚盾片有一大块扇形或近方形黑斑。头顶黄绿色或深棕色，咽部黄色，头侧自眼后沿鼓膜上、下各有一条黄色纵纹。四肢背面灰褐色或黑褐色，指、趾间具蹼。栖息于丘陵、山区的溪流或池塘。杂食性。5—7月产卵，窝卵数4 ～ 8枚。

地理分布 我国分布于江苏、浙江、安徽、湖北、湖南、贵州、广东、广西、海南、福建及台湾等地。国外分布于日本、越南。

龚世平 摄

7. 金头闭壳龟

〰〰〰〰〰〰〰〰〰〰

学　　名 *Cuora aurocapitata*

分类地位 龟鳖目TESTUDINES，地龟科Geoemydidae

曾用学名 *Pyxiclemmys aurocapitata*

英 文 名 Golden-headed Box Turtle，Yellow-headed Box Turtle

别　　名 金龟、金头龟、黄板龟、夹板龟

保护级别 国家二级保护野生动物（仅限野外种群），CITES附录 II

物种介绍 背甲呈长椭圆形，中部隆起，顶部较平坦，脊棱显著，侧棱较弱；棕黑色或红褐色，甲片上生长环纹明显。腹甲黄色或黄红色，前叶有5块大黑斑组成的梅花形，后叶有不规则黑斑纹。腹甲前后两叶以韧带连接，可向上活动与背甲闭合，头尾及四肢能全部缩入龟甲内。头部金黄色，眼后方具有两条黑色细线纹。四肢背面灰褐色，指、趾间具蹼。栖息于丘陵地带的山沟或水质清澈的山区池塘，也见于距水源不远的竹林或灌木丛。杂食性，以动物性食物为主。6—7月产卵，窝卵数1 ~ 4枚。

地理分布 我国分布于安徽、河南、湖北等地。

Cris Hagen 摄

8. 黄缘闭壳龟

学　　名	*Cuora flavomarginata*
分类地位	龟鳖目 TESTUDINES，地龟科 Geoemydidae
曾用学名	*Cistoclemmys flavomarginata*
英 文 名	Yellow-margined Box Turtle
别　　名	黄缘盒龟、夹板龟、断板龟、食蛇龟
保护级别	国家二级保护野生动物（仅限野外种群），CITES 附录 II
物种介绍	背甲呈长椭圆形，中部显著隆起，棕红色或棕黑色；脊棱明显，

呈棕亮黄色或淡黄色，侧棱不连续；甲片上生长环纹明显。腹甲黑色，无斑纹，前后两叶以韧带连接，可向上活动与背甲闭合，头尾及四肢可全部缩入龟甲内。头背橄榄绿色、黄绿色或金黄色，额顶两侧自眼后各有一亮黄色纵纹，左右条纹在头顶部相遇后连接形成"U"形条纹。四肢棕黑色或棕红色，指、趾间具微蹼。栖息于丘陵、山区的溪流、沼泽地带。杂食性。5—7月产卵，窝卵数2～7枚。

地理分布　我国分布于河南、安徽、湖北、湖南、江苏、浙江、四川、江西、福建、台湾等地。国外分布于日本。

龚世平　摄

9. 黄额闭壳龟

学　名	*Cuora galbinifrons*
分类地位	龟鳖目 TESTUDINES，地龟科 Geoemydidae
曾用学名	*Cistoclemmys galbinifrons*
英文名	Indo-Chinese Box Turtle
别　名	海南闭壳龟、黄额盒龟
保护级别	国家二级保护野生动物（仅限野外种群），CITES 附录 II
物种介绍	背甲呈长椭圆形，中部显著隆起，呈棕黄色或黄白色，甲片上有黑色或黑褐色放射状斑纹；脊棱明显，无侧棱。腹甲黑色，无斑纹，前后两叶以韧带连接，可向上活动与背甲闭合，头尾及四肢可全部缩入龟甲内。头背部淡黄至红棕色，有不规则黑斑点。四肢棕黑色或棕红色，指、趾间具蹼。栖息于丘陵、山区的溪流、沼泽地带，常在距离水源不远的林下栖息觅食。杂食性。2—6月产卵，窝卵数 2 ~ 3 枚。
地理分布	我国分布于海南、广西。国外分布于越南和老挝。

溪世平 摄

10. 百色闭壳龟

学　　名	*Cuora mccordi*
分类地位	龟鳖目 TESTUDINES，地龟科 Geoemydidae
曾用学名	*Cistoclemmys mccordi*
英 文 名	McCord's Box Turtle
别　　名	圆背箱龟、麦氏闭壳龟
保护级别	国家二级保护野生动物（仅限野外种群），CITES 附录 II
物种介绍	背甲呈长椭圆形，中部隆起较高，脊棱显著，无侧棱；红棕色，

甲片上具生长环纹，老年个体背甲光滑。腹甲几乎整体黑色，边缘黄色，前后两叶以韧带连接，可向上活动与背甲闭合。头背部黄色，眼后有两条棕色细线纹。四肢背面红棕色或粉红色，指、趾间具蹼。栖息于百色地区山区，具体野外生物学资料不详。人工饲养条件下，杂食性。4—8月产卵，窝卵数1 ~ 4枚。

地理分布	我国分布于广西百色。

龚世平 摄

11. 锯缘闭壳龟

学　　名	*Cuora mouhotii*
分类地位	龟鳖目TESTUDINES，地龟科Geoemydidae
曾用学名	*Cyclemys mouhotii*，*Pyxidea mouhotii*，*Emys mouhotii*
英　文　名	Keeled Box Turtle
别　　名	锯缘龟、锯缘摄龟、八角龟、平顶闭壳龟
保护级别	国家二级保护野生动物（仅限野外种群），CITES附录Ⅱ

物种介绍　背甲呈长椭圆形，中部隆起，顶部平坦，三棱显著，脊棱与侧棱几乎在同一平面，后缘呈锯齿状；淡棕色或棕褐色，甲片上生长环纹明显。腹甲黄色或黄棕色，两侧有黑斑块或斑纹，前后两叶以韧带连接，前叶可向上活动与背甲闭合，后叶不能与背甲闭合，头尾及四肢不能全部缩入龟甲内。头背部淡黄棕色，具有不规则暗褐色斑纹。四肢棕灰或棕黑色，指、趾间具蹼。栖息于丘陵、山区的溪流、沼泽地带，常在距离水源不远的林下栖息觅食。杂食性。6—7月产卵，窝卵数1～5枚。

地理分布　我国分布于云南、广西、海南等地。国外分布于越南、老挝、印度、孟加拉国、不丹和缅甸。

龚世平 摄

12. 潘氏闭壳龟

学　　名	*Cuora pani*
分类地位	龟鳖目 TESTUDINES，地龟科 Geoemydidae
曾用学名	无
英 文 名	Pan's Box Turtle
别　　名	潘氏龟、断板龟
保护级别	国家二级保护野生动物（仅限野外种群），CITES 附录 II
物种介绍	背甲呈长椭圆形，较低平，脊棱显著，无侧棱；棕黄或褐色，甲

片上具生长环纹。腹甲黄色，沿着盾沟有大块连续而规则的呈羊字形黑斑，
老年个体腹部几乎全部黑色；前后两叶以韧带连接，可向上活动与背甲闭合。
头部黄绿色，头侧具有三条黑色细线纹。四肢背面橄榄色或黄绿色，指、趾
间具蹼。栖息于丘陵地带的溪流、池塘、稻田。杂食性。6—8月产卵，窝卵
数 3 ~ 7 枚。

地理分布	我国分布于陕西、湖北、四川、河南等地。

Jeff Dawson 摄

13. 三线闭壳龟

学　　名	*Cuora trifasciata*
分类地位	龟鳖目 TESTUDINES，地龟科 Geoemydidae
曾用学名	*Sternothaerus trifasciatus*，*Emys trifasciatus*，*Cyclemys trifasciata*
英文名	Chinese Three-striped Box Turtle，Golden Coin Turtle
别　　名	金钱龟、金头龟、红肚龟
保护级别	国家二级保护野生动物（仅限野外种群），CITES 附录 II
物种介绍	背甲呈长椭圆形，中部显著隆起，红棕或红褐色；脊棱和侧棱呈黑色，形成三条黑色纵纹，这是三线闭壳龟的典型特征。腹甲黑色，前后两叶以韧带连接，可向上活动与背甲闭合，头尾及四肢可全部缩入龟甲内。头顶部金黄色或暗黄色。四肢及尾部橘红色或淡棕色，指、趾间具蹼。栖息于丘陵和山区的溪流、池塘、沼泽。杂食性。6—8月产卵，窝卵数 4 ~ 9 枚。
地理分布	我国分布于福建、广东、广西、海南、香港、澳门。

龚世平 摄

14. 云南闭壳龟

学　　名	*Cuora yunnanensis*
分类地位	龟鳖目TESTUDINES，地龟科 Geoemydidae
曾用学名	*Cyclemys yunnanensis*
英文名	Yunnan Box Turtle
别　　名	云南龟
保护级别	国家二级保护野生动物（仅限野外种群），CITES附录Ⅱ

物种介绍 背甲呈长椭圆形，中部隆起，具三棱，脊棱明显，侧棱不明显；棕褐色或棕橄榄色，甲片上具生长环纹，老年个体背甲光滑。腹甲黄白色，靠近中线有大块暗斑，前后两叶以韧带连接，前叶可向上活动，但不能完全与背甲闭合。头部棕橄榄色，两侧自吻端和眼后各有三条亮黄色细纵纹，其中上下各一条延伸至颈基部。四肢背面棕橄榄色，有亮黄色纵纹，指、趾间具蹼。栖息于海拔1 900 ~ 2 200米的高原山地。食性杂。4—5月产卵，窝卵数4 ~ 8枚。

地理分布 我国分布于云南、四川。

饶定齐 摄

15. 周氏闭壳龟

学 名	*Cuora zhoui*
分类地位	龟鳖目TESTUDINES，地龟科 Geoemydidae
曾用学名	*Pyxiclemmys zhoui*，*Cuora pallidicephala*
英文名	Zhou's Box Turtle
别 名	黑龟、白头闭壳龟
保护级别	国家二级保护野生动物（仅限野外种群），CITES 附录 II
物种介绍	背甲呈长椭圆形，中部隆起较高，整体光滑，脊棱微显，无侧棱；暗褐色。腹甲黑褐色，中部有大块黄色斑块，前后两叶以韧带连接，前、后叶可向上活动与背甲闭合，头尾及四肢能全部缩入龟甲内。头背及侧面橄榄绿色，腹面黄色。四肢背面暗橄榄绿色，指、趾间具蹼。野外生物学资料不详。人工饲养条件下，杂食性。6—8月产卵，窝卵数2～6枚。
地理分布	我国分布于广西（？）、云南（？）。国外分布于越南。

Cris Hagen 摄

16. 地龟

学　　名	*Geoemyda spengleri*
分类地位	龟鳖目 TESTUDINES，地龟科 Geoemydidae
曾用学名	*Testudo spengleri*
英 文 名	Black-breasted Leaf Turtle
别　　名	黑胸叶龟、枫叶龟
保护级别	国家二级保护野生动物，CITES 附录 II

物种介绍　背甲呈长椭圆形，较扁平，三棱明显，后缘呈显著锯齿状；橘红色或橘黄色，甲片上具生长环纹。腹甲黑色，边缘黄色。头部棕黑色，两侧眼后各有 1 ~ 3 条黄白色纵纹，其中最上面的一条纵纹较粗长，延伸至颈基部。四肢被红棕色鳞片，指、趾间蹼不发达。栖息于山区丛林近溪流的阴湿区域。食性杂。2—8 月产卵，窝卵数 1 ~ 3 枚。

地理分布　我国分布于广东、广西、海南、云南等地。国外分布于老挝、越南。

龚世平 摄

17. 眼斑水龟

学　名	*Sacalia bealei*
分类地位	龟鳖目 TESTUDINES，地龟科 Geoemydidae
曾用学名	*Cistuda bealei*，*Emys bealei*，*Mauremys bealei*
英文名	Eye-spotted Turtle，Beale's Eyed Turtle
别　名	眼斑龟
保护级别	国家二级保护野生动物（仅限野外种群），CITES 附录 II

物种介绍　背甲呈长椭圆形，中部隆起明显，脊棱明显，无侧棱；黄棕色或棕褐色，具黑色放射状斑纹或虫蚀纹。雌性腹甲黄白色，具有黑色大斑块；雄性腹甲橘红色，具有黑色小斑点。头背平滑无鳞，雄性头背部橄榄色，具密集虫蚀纹；雌性头背部红棕色或黄棕色，具有密集黑色小斑点；头背后方两侧各有1对眼斑，前面眼斑较模糊，后面眼斑明显，眼斑黑点周围为亮黄色（雌性）或橄榄色（雄性）环形斑。颈部有多条黄色（雌性）或红色（雄性）纵纹。四肢被棕红色（雄性）或棕灰色（雌性）鳞片，指、趾间蹼发达。栖息于山区水质清澈的溪流中。食性杂。5—6月产卵，每次产卵1～3枚。

地理分布　我国分布于福建、江西、湖南、广东、广西、香港等地。

龚世平 摄

18. 四眼斑水龟

学　　名	*Sacalia quadriocellata*
分类地位	龟鳖目 TESTUDINES，地龟科 Geoemydidae
曾用学名	*Sacalia insulensis*
英 文 名	Four-eyed Turtle
别　　名	四眼斑龟
保护级别	国家二级保护野生动物（仅限野外种群），CITES 附录 II

物种介绍　背甲呈长椭圆形，中部隆起明显，脊棱明显，无侧棱；棕褐色或棕灰色，具黑色放射状斑纹。腹甲黄白色，具有黑色大斑块纹（雌性）或密集黑色虫蚀纹（雄性）。头背平滑无鳞，雄性头背部橄榄色，雌性头背部黄棕色；头背两侧眼后方各有 1 对清晰的眼斑，雌性眼斑为亮黄色，雄性眼斑为橄榄色，每个眼斑中央有一个圆形或椭圆形黑点。颈部有多条黄色或浅红色纵纹。四肢被棕黄色或棕灰色鳞片，指、趾间蹼发达。栖息于山区水质清澈的溪流中。食性杂。3—6 月产卵，窝卵数 1 ~ 3 枚。

地理分布　我国分布于广东、广西、海南。国外分布于越南、老挝。

龚世平 摄

19. 红海龟

学　　名 *Caretta caretta*

分类地位 龟鳖目TESTUDINES，海龟科Cheloniidae

曾用学名 *Tsetudo caretta*，*Thalassochelys caretta*

英 文 名 Loggerhead Sea Turtle

别　　名 蠵龟、赤蠵龟

保护级别 国家一级保护野生动物，CITES附录Ⅰ

物种介绍 背甲长可达120厘米，体重可达250千克。背甲呈心形，前部宽大，后部窄小，脊棱明显；有5对肋盾，第1对肋盾与颈盾相接，椎盾5枚或6枚。背甲红褐色，腹甲黄色或黄褐色，无斑纹。每侧具有3枚下缘盾。头较大，具2对前额鳞。四肢桨状，均具两爪。前肢发达，长度约为后肢2倍。栖息于热带和亚热带的温暖海域。以鱼、甲壳类、软体动物及海藻为食。3—4月产卵，窝卵数130～150枚。

地理分布 我国分布于黄海、东海、南海等海域。国外分布于太平洋、大西洋、印度洋等海域。

王付民 摄

20.绿海龟

学　　名	*Chelonia mydas*
分类地位	龟鳖目TESTUDINES，海龟科Cheloniidae
曾用学名	*Testudo atra*，*Testudo mydas*
英 文 名	Green Sea Turtle
别　　名	海龟、墨龟
保护级别	国家一级保护野生动物，CITES附录Ⅰ

物种介绍　背甲长可达130厘米，体重可达160千克。背甲呈心形，脊棱明显，有四对肋盾，椎盾5片；灰绿色或浅褐色，有不规则放射状深色斑纹。腹甲黄色，无斑纹，两侧各具一条纵棱。每侧具有4枚下缘盾。头部具1对前额鳞。四肢桨状，均具1爪。前肢发达，长度约为后肢2倍。栖息于热带和亚热带海域。以鱼类、头足类、甲壳类动物及海藻为食。5—10月产卵，窝卵数80～200枚。

地理分布　我国分布于山东以南海域。国外分布于太平洋、大西洋和印度洋的热带和亚热带海域。

陈芳 摄

21. 玳瑁

| 学　　名 | *Eretmochelys imbricata* |

学　　名 *Eretmochelys imbricata*

分类地位 龟鳖目TESTUDINES，海龟科Cheloniidae

曾用学名 *Testudo imbricata*，*Chelone imbricata*，*Caretta imbricata*

英 文 名 Hawksbill Turtle，Hawksbill Sea Turtle

别　　名 十三鳞、文甲、鹰嘴海龟

保护级别 国家一级保护野生动物，CITES附录Ⅰ

物种介绍 背甲长可达100厘米，体重可达60千克以上。背甲呈心形，脊棱明显，后缘锯齿状，盾片呈覆瓦状排列，第一肋盾不与颈盾相接；棕红色或棕褐色，具有浅黄色云斑，具金属光泽。腹甲黄色，有褐色斑块，两侧各具一条纵棱；每侧下缘盾4枚。头部具2对前额鳞；吻侧扁，上颚前端呈鹰嘴状。四肢桨状，均具2爪。前肢发达，长度约为后肢2倍。栖息于热带和亚热带海域。以软体动物、甲壳类动物、小型鱼类及海藻为食。2月下旬开始产卵，窝卵数50～200枚。

地理分布 我国分布于山东以南海域。国外分布于太平洋、大西洋和印度洋的热带和亚热带海域。

葛研 摄

22. 太平洋丽龟

学 名	*Lepidochelys olivacea*
分类地位	龟鳖目 TESTUDINES，海龟科 Cheloniidae
曾用学名	*Chelonia olivacea*，*Chelonia multiscutata*
英 文 名	Olive Ridley，Olive Ridley Sea Turtle，Pacific Ridley
别 名	丽龟、橄龟、多盾海龟
保护级别	国家一级保护野生动物，CITES附录 I

物种介绍 背甲长不超过80厘米，体重可达45千克。背甲呈心形，具6对以上肋侧盾，椎盾5～7枚，脊棱明显；缘盾13对，后缘略呈锯齿状；暗橄榄绿色，无斑纹。腹甲淡黄色，无斑纹，每侧下缘盾4枚。头部具2对前额鳞。四肢桨状，前肢发达，长度约为后肢2倍。栖息于太平洋、印度洋的温暖水域。以鱼类、甲壳动物、软体动物及其他无脊椎动物为食，也食植物性食物。每年9月至翌年1月产卵，窝卵数90～135枚。

地理分布 我国分布于江苏以南海域。国外分布于印度洋、太平洋的温暖水域。

王付民 摄

23. 棱皮龟

学　名　*Dermochelys coriacea*

分类地位　龟鳖目TESTUDINES，棱皮龟科Dermochelyidae

曾用学名　*Testudo coriacea*，*Sparghis coriacea*，*Sphargis mercurialis*，*Dermochelis atlantica*

英文名　Leatherback，Leatherback Sea Turtle

别　名　杨桃龟、革背龟、舰板龟、燕子龟、海鳖

保护级别　国家一级保护野生动物，CITES附录Ⅰ

物种介绍　背甲长可达200厘米，体重可达950千克。身体呈杨桃形，体背具7列纵棱。体表无角质盾片，覆以革质皮肤，蓝黑色至黑色，密布黄白色斑点。腹部有5列纵棱，灰白色，有黑色斑点组成的纵纹。四肢桨状，无爪。前肢发达，长度约为后肢2倍。栖息于热带和亚热带海域。以鱼类、腔肠动物、棘皮动物、软体动物、节肢动物及海藻为食。主要在5—6月产卵，窝卵数90～150枚。

地理分布　我国分布于辽宁以南海域。国外分布于太平洋、大西洋和印度洋的热带海域。

龚世平 摄

24. 鼋

学　　名	*Pelochelys cantorii*

学　　名 *Pelochelys cantorii*

分类地位 龟鳖目TESTUDINES，鳖科Trionychidae

曾用学名 *Pelochelys cantoris*，*Pelochelys cumingii*

英 文 名 Asian Giant Softshell Turtle，Cantor's Giant Softshell Turtle

别　　名 癞头鼋、绿团鱼、亚洲圆鳖

保护级别 国家一级保护野生动物，CITES附录II

物种介绍 背甲长可达130厘米，体重可达200千克。背盘近圆形，背甲表面覆盖有柔软的革质皮肤，呈青灰色至褐色，平坦，无斑纹。头小，吻突短于眶径，鼻孔在吻突前端。四肢具发达的蹼，内侧三指/趾具爪。尾短，不露出裙边。头部为灰褐色，具黑色不规则斑纹。腹甲粉白色，无斑。栖息于江河、湖泊中，善于钻泥沙。以鱼、虾、贝类等水生动物为食。5—9月产卵，窝卵数10枚以上，最多可超过100枚。

地理分布 我国分布于浙江、福建、广东、广西、海南。国外分布于孟加拉国、柬埔寨、印度、印度尼西亚、老挝、马来西亚、缅甸、菲律宾、新加坡、巴布亚新几内亚等。

龚世平 摄

25. 山瑞鳖

学　　名　*Palea steindachneri*

分类地位　龟鳖目TESTUDINES，鳖科 Trionychidae

曾用学名　*Trionyx steindachneri*，*Pelodiscus steindachneri*

英 文 名　Wattle-necked Softshell Turtle

别　　名　山瑞、团鱼、甲鱼

保护级别　国家二级保护野生动物（仅限野外种群），CITES 附录 II

物种介绍　背甲长可达43厘米，体重可达20千克。形态与鳖相似，主要区别是颈基部两侧各有一团粗大疣粒，背甲前缘有一排粗大疣粒。背盘呈椭圆形，背甲表面覆以柔软的革质皮肤，周边有较厚的裙边，呈棕绿色、橄榄色、黑褐色。头部前端突出，形成吻突，鼻孔在吻突前端。四肢具发达的蹼，内侧三指/趾具爪。腹甲粉白色，有灰黑色大斑块。栖息于山地的河流、湖泊和池塘中。以鱼、甲壳类、软体动物等为食。4—10月产卵，窝卵数2 ~ 28枚。

地理分布　我国分布于贵州、云南、广东、广西、海南。国外分布于越南、老挝。

龚世平 摄

26. 斑鳖

学　　名　*Rafetus swinhoei*

分类地位　龟鳖目 TESTUDINES，鳖科 Trionychidae

曾用学名　*Oscaria swinhoei*，*Trionyx swinhonis*，*Yuenmaculatus*，*Pelochelys taihuensis*，*Rafetus vietnamensis*

英　文　名　Red River Giant Softshell Turtle，Yangtze Giant Softshell Turtle，Swinhoe's Softshell Turtle

别　　名　斑鼋、斯氏鳖、黄斑巨鳖

保护级别　国家一级保护野生动物，CITES 附录 II

物种介绍　背甲长可达 180 厘米，体重可达 200 千克。背盘宽度仅略小于长度，长椭圆形。背部扁平而略微隆起，表面光滑而带有光泽，暗橄榄绿色或黑绿色。头部背面、头侧及体背布满大小不等的黄色斑点，其中背甲周边的黄斑最大。吻突短于眶径，鼻孔在吻突前端。四肢具发达的蹼。腹部灰黄色，有 2 个不发达的胼胝在舌板与下板的连接体上。以鱼类等水生动物为食物。5—9 月产卵，窝卵数 20 ~ 70 枚。

地理分布　我国分布于云南、江苏、安徽（？）、浙江（？）。国外分布于越南。

吕顺清 摄

27. 瘰鳞蛇

学　名	*Acrochordus granulatus*
分类地位	有鳞目 SQUAMATA，瘰鳞蛇科 Acrochordidae
曾用学名	*Hydrus granulatus*
英文名	Granular Snake，File Snake，Wart Snake
别　名	锉子蛇、黑斑瘰鳞蛇
保护级别	国家二级保护野生动物

物种介绍 中小型完全水栖无毒蛇，产子繁殖。栖居于滨海河口，适应海水和淡水生活。主食鱼类。头、颈区分不明显。鼻孔背位，孔周具一圈小鳞。眼位于头侧，小而圆，瞳孔直立。体粗，皮肤松弛，尾较短且略侧扁，游动时身体侧扁。通身小鳞平砌排列，小鳞突起似瘰粒，因而得名。无宽大的腹鳞，腹面中线具1条纵行皮褶。头背具不规则的灰白点斑。体背底色为灰黑色或灰褐色，通体体侧具灰白色或黄色横斑，体段横斑50条左右，尾段横斑10条左右。横斑向上延伸至背脊处，相遇或交错；向下延伸止于腹中线皮褶处，相遇或交错。

地理分布 我国分布于海南岛三亚沿海。国外分布于阿拉伯海东部沿岸，南亚和东南亚各国沿海，以及澳大利亚（西部和北部）、巴布亚新几内亚、所罗门群岛、瓦努阿图沿海。

朱毅武 供图

28. 蓝灰扁尾海蛇

学 名	*Laticauda colubrina*
分类地位	有鳞目SQUAMATA，眼镜蛇科Elapidae
曾用学名	*Hydrus colubrinus*
英文名	Yellow-lipped Sea Krait，Colubrine Sea Snake
别 名	灰海蛇、黄唇青斑海蛇
保护级别	国家二级保护野生动物

物种介绍 中小型前沟牙类毒蛇。海水生活，夜晚在沿岸沙滩、岩礁间活动。繁殖季节产卵于沿岸岩礁间或珊瑚礁缝隙中。吃小型鱼类。头、颈区分不明显。体圆柱形，尾侧扁。唇缘黄色，且此黄色斑纹延伸至吻及额部略呈新月形。体背蓝灰色，具蓝黑色环纹38 ~ 43+3 ~ 6条。鼻间鳞1对，鼻孔位于头侧，有瓣膜司开闭。前额鳞3枚。颔片2对。腹鳞较宽，为身体宽度的1/3 ~ 1/2。

地理分布 我国分布于台湾沿海。国外分布于孟加拉湾到西太平洋岛屿及国家的沿海。

侯勉 供图

29. 扁尾海蛇

学　　名	*Laticauda laticaudata*
分类地位	有鳞目SQUAMATA，眼镜蛇科Elapidae
曾用学名	*Coluber laticaudatus*
英 文 名	Black-lipped Sea Krait，Common Sea Krait
别　　名	黑唇青斑海蛇
保护级别	国家二级保护野生动物

物种介绍　中小型前沟牙类毒蛇。海水生活。繁殖季节上岸，产卵于岸上的岩石缝隙中。吃小型鱼类。头、颈区分不明显。体圆柱形，尾侧扁。唇缘黑色，额部具1个略呈新月形的浅蓝色或白色斑纹。体、尾背面蓝灰色，有黑色环纹39～50条，环纹宽占3～6枚鳞，前后环纹相距约2枚背鳞。腹面黄色。前额鳞2枚。腹鳞较宽，为身体宽度的1/3～1/2。

地理分布　我国分布于福建、台湾沿海。国外分布于孟加拉湾到西太平洋岛屿及国家的沿海。

周佳俊·供图

30. 半环扁尾海蛇

学　　名	*Laticauda semifasciata*
分类地位	有鳞目SQUAMATA，眼镜蛇科Elapidae
曾用学名	*Platurus semifasciatus*
英 文 名	Wide-striped Sea Krait
别　　名	阔尾青斑海蛇
保护级别	国家二级保护野生动物

物种介绍　中小型前沟牙类毒蛇。海水生活。繁殖季节上岸，产卵于岩石缝隙中。吃小型鱼类。头、颈区分不明显。体圆柱形，较粗壮，尾侧扁。左右前额鳞间嵌有1枚五角形鳞片。体背蓝灰色，具暗褐色环纹35～39+6～7条。吻鳞横裂为2。鼻间鳞1对，鼻孔位于头侧，有瓣膜司开闭。腹鳞较宽，为相邻背鳞宽的3倍以上。

地理分布　我国分布于辽宁、福建、台湾沿海。国外分布于韩国南部、琉球群岛、菲律宾、印度尼西亚、巴布亚新几内亚、斐济、萨摩亚群岛沿海。

鲸骑士 绘　樊恩源 供图

31. 龟头海蛇

学　　名	*Emydocephalus ijimae*
分类地位	有鳞目 SQUAMATA，眼镜蛇科 Elapidae
曾用学名	无
英 文 名	Turtlehead Sea Snake
别　　名	无
保护级别	国家二级保护野生动物

物种介绍 中小型前沟牙毒蛇。终生海水生活，产子繁殖。主食鱼卵，牙较退化，前沟牙之后没有其他上颌齿。头部乍看似龟类头部，因而得名。头、颈区分不明显。躯体圆柱形，尾侧扁。体、尾背面深褐色，具黑褐色环纹。头黑褐色，自前额鳞沿头侧至口角有一浅色纹。吻鳞五边形，前端有一锥状突起。鼻孔大，背位，有瓣膜司开闭。没有鼻间鳞。腹鳞较宽，为相邻背鳞宽的3倍以上。

地理分布 我国分布于台湾沿海。国外分布于琉球群岛沿海。

鲸骑士 绘　樊恩源 供图

32．青环海蛇

学　　名	*Hydrophis cyanocinctus*
分类地位	有鳞目 SQUAMATA，眼镜蛇科 Elapidae
曾用学名	*Leioselasma cyanocincta*
英 文 名	Blue-banded Sea Snake，Annulated Sea Snake
别　　名	无
保护级别	国家二级保护野生动物

物种介绍　中型前沟牙毒蛇。终生海水生活，产子繁殖。主食蛇鳗类。是我国东南沿海分布最广且较常见的海蛇。头、颈区分不明显。体后部较粗而略侧扁，尾侧扁。头背橄榄褐色，头腹略浅淡。体、尾背面灰褐色，腹面黄白色，通身有背宽腹窄的黑褐色环纹50 ～ 76+5 ～ 10条，从体侧看环纹颇似倒三角形。幼蛇斑纹特别清晰，腹鳞呈黑色。年老个体背面环纹渐模糊，但体侧仍可辨认。吻鳞高，从头背可见甚多。鼻鳞较长，在吻背左右相接，其间无鼻间鳞相隔。鼻孔开口于鼻鳞后部，背位。体鳞略呈覆瓦状排列，中央具棱，颈部一周27 ～ 35枚，躯体最粗部一周37 ～ 44枚。体前段腹鳞约为相邻体鳞的2倍，后段腹鳞仅略大于相邻体鳞。

地理分布　我国分布于渤海、黄海、东海、南海。国外分布于波斯湾以及印度半岛、东南亚各国、澳大利亚和日本沿海。

鲸骑士 绘 樊恩源 供图

33. 环纹海蛇

学　　名	*Hydrophis fasciatus*
分类地位	有鳞目SQUAMATA，眼镜蛇科Elapidae
曾用学名	*Hydrus fasciatus*
英 文 名	Blunt-banded Sea Snake，Striped Sea Snake
别　　名	无
保护级别	国家二级保护野生动物

物种介绍　中小型前沟牙毒蛇。终生海水生活，产子繁殖。主食鳗类和乌贼类。头略小，头、颈区分不明显。体前部较细，躯体后部较粗而略侧扁，尾侧扁。体、尾背面深灰色，腹面黄白色，通身有背宽腹窄的黑色环纹48～60+3～7条，从体侧看环纹颇似倒三角形。头部黑色，体前腹面、所有腹鳞、尾末端均为黑色。吻鳞高，从头背可见甚多。鼻鳞较长，在吻背左右相接，其间无鼻间鳞相隔，鼻孔开口于鼻鳞后部，背位。腹鳞较窄，不到相邻体鳞的2倍，每一腹鳞均具并列的2棱。

地理分布　我国分布于福建、广东、广西、海南沿海。国外分布于阿拉伯海以及东南亚各国、澳大利亚、新几内亚沿海。

鲸骑士 绘　樊恩源 供图

34. 黑头海蛇

学　　名	*Hydrophis melanocephalus*
分类地位	有鳞目SQUAMATA，眼镜蛇科Elapidae
曾用学名	*Leioselasma melanocephala*
英 文 名	Black-headed Sea Snake，Slender-necked Sea Snake
别　　名	细颈海蛇
保护级别	国家二级保护野生动物

物种介绍　中型前沟牙毒蛇。终生海水生活，产子繁殖。主食鳗类。头较小，体前部细长，后部较粗而极侧扁，尾侧扁。头及体前部黑色。体最大直径为颈部直径的2倍以上。体尾背面橄榄色或灰色，腹面黄白色，具50～62+5～9条黑色横斑，体侧及腹面清晰可见。头黑色，鼻后有一黄色点，眼后有一黄色线纹。腹鳞约为相邻体鳞宽的2倍，具2棱。

地理分布　我国分布于浙江、福建、台湾、广东、广西沿海。国外分布于越南、菲律宾、韩国、日本沿海。

鲸骑士 绘　樊恩源 供图

35. 淡灰海蛇

学　名	*Hydrophis ornatus*
分类地位	有鳞目SQUAMATA，眼镜蛇科Elapidae
曾用学名	*Aturia ornata*
英 文 名	Ornate Sea Snake，Cochin Banded Sea Snake，Ornate Reef Sea Snake
别　名	饰纹海蛇、黑点海蛇
保护级别	国家二级保护野生动物

物种介绍　中小型前沟牙毒蛇。终生海水生活，产子繁殖。主食鳝类。头较大，躯体不特别长而较侧扁，尾侧扁。背面橄榄褐色，腹面米黄色，成年雌性通身有黑灰色宽横纹59+11条。头背橄榄黄色。从头背可见吻鳞上端。鼻鳞长大于宽，在吻背左右相接，其间无鼻间鳞相隔，鼻孔开口于鼻鳞后外部，背位。眼侧位，从背面可见。体前段腹鳞约为相邻体鳞的2倍宽，体后段约与体鳞大小相等。

地理分布　我国分布于广东、广西、海南、台湾、香港、山东沿海。国外分布于波斯湾以及印度半岛、东南亚各国、澳大利亚等地沿海。

鲸骑士 绘　樊恩源 供图

36. 棘眦海蛇

学　　名	*Hydrophis peronii*
分类地位	有鳞目 SQUAMATA，眼镜蛇科 Elapidae
曾用学名	*Acalyptus peronii*，*Acalyptophis peronii*
英文名	Spiny-headed Sea Snake
别　　名	角眼海蛇
保护级别	国家二级保护野生动物

物种介绍 中小型前沟牙毒蛇。终生海水生活，产子繁殖。主食小型鱼类。头较小，体粗短，尾侧扁。体尾背面棕灰色或浅褐色，有深色横斑45+8个，向两侧下延逐渐变窄。腹面色灰白，有淡棕色条纹。吻鳞宽大于高。额鳞与顶鳞裂为数片。眶上鳞及其相邻鳞片的后缘尖出成棘。腹鳞虽小，但清晰可辨，宽度约与相邻体鳞相等或较窄。

地理分布 我国分布于广东、台湾、香港沿海。国外分布于越南、泰国、印度尼西亚、菲律宾、巴布亚新几内亚、澳大利亚北部、法属新喀里多尼亚沿海。

鲸骑士 绘　樊恩源 供图

37. 棘鳞海蛇

〰〰〰〰〰〰〰〰〰〰〰〰〰

学　　名 *Hydrophis stokesii*

分类地位 有鳞目SQUAMATA，眼镜蛇科Elapidae

曾用学名 *Astrotia stokesii*，*Hydrus stokesii*

英 文 名 Stokes' Sea Snake，Large-headed Sea Snake

别　　名 大头海蛇

保护级别 国家二级保护野生动物

物种介绍 中型前沟牙毒蛇。终生海水生活，产子繁殖。喜底栖生活，主食鱼类和无脊椎动物。头大，深橄榄色。躯体粗短，最大直径约为颈部直径的2倍。躯尾浅黄色或灰褐色，有完整的黑褐色宽横斑32～36个。宽横斑之间常有点斑或短横斑。头部深橄榄色。体鳞覆瓦状排列，游离缘尖出，鳞片具棱，棱常断离为数个疣粒。除前部少数外，腹鳞均纵分为两个较长而末端尖出的鳞片。

地理分布 我国分布于台湾海峡。国外分布于阿拉伯海以及东南亚各国、澳大利亚北部和新几内亚沿海。

鲸骑士 绘　樊恩源 供图

38. 青灰海蛇

学　名	*Hydrophis caerulescens*
分类地位	有鳞目SQUAMATA，眼镜蛇科Elapidae
曾用学名	*Hydrus caerulescens*
英文名	Blue-grey Sea Snake，Malacca Sea Snake
别　名	无
保护级别	国家二级保护野生动物
物种介绍	中小型前沟牙毒蛇。终生海水生活，产子繁殖。主食鱼类。头较小，体前段不细长，尾侧扁。体、尾背面青灰色，有40～60个黑色宽横斑。随年龄增长，横斑逐渐不清晰，背面呈一致的青灰色。头暗灰色（幼蛇头黑色），有的有浅色斑纹。腹鳞较窄，宽度不到相邻体鳞的2倍。

地理分布　我国分布于广东、山东、台湾沿海。国外分布于孟加拉湾到西太平洋各国沿海。

鲸骑士 绘　樊恩源 供图

39. 平颏海蛇

学　　名	*Hydrophis curtus*
分类地位	有鳞目SQUAMATA，眼镜蛇科Elapidae
曾用学名	*Lapemis curtus*
英 文 名	Short Sea Snake，Malabar Sea Snake
别　　名	棘海蛇、棘刺海蛇
保护级别	国家二级保护野生动物

物种介绍　中小型前沟牙毒蛇。终生海水生活，产子繁殖。主食鱼类和无脊椎动物。头大，吻端超出下颌。体粗壮，体前后粗细差别不显著，颈部直径大于体最大直径的一半，成年雄性腹鳞两侧各有数行体鳞的棱棘特别发达。尾侧扁。背面黄褐色，腹面浅黄白色，有35 ～ 45+4 ～ 7个宽大暗褐色斑，背宽腹窄，从侧面看，略呈三角形。腹鳞窄，体前段清晰可辨，后段逐渐变小至缺失。

地理分布　我国分布于福建、广东、广西、海南、山东、台湾、香港沿海。国外分布于波斯湾到西太平洋各国沿海。

鲸骑士 绘　樊恩源 供图

40. 小头海蛇

学　　名	*Hydrophis gracilis*
分类地位	有鳞目SQUAMATA，眼镜蛇科Elapidae
曾用学名	*Hydrus gracilis*
英 文 名	Narrow-headed Sea Snake，Graceful Small-headed Sea Snake
别　　名	无
保护级别	国家二级保护野生动物

物种介绍 中小型前沟牙毒蛇。终生海水生活，产子繁殖。主食体形细长的鳗类或海鳝类。头极小，吻端超出下颌甚多。躯体前部特别细长，后部较粗而略侧扁，体最大直径为颈部直径的4倍以上，尾侧扁。头背黄褐色，体背灰黑色，腹面污白色。体后段及尾部具黑褐色菱斑47～62+2～7个，在细长的前部则无菱斑。吻鳞高，从头背可见甚多。鼻鳞较长，在吻背左右相接，其间无鼻间鳞相隔，鼻孔开口于鼻鳞后部，背位。体鳞六角形，平砌排列，具小结节。腹鳞较小但明显可辨，与体鳞大小相似，体后部腹鳞纵裂为二，左右两半并列或交错。

地理分布 我国分布于福建、广东、广西、海南、香港沿海。国外分布于波斯湾到西太平洋各国沿海。

鲸骑士 绘　樊恩源 供图

41. 长吻海蛇

学　　名	*Hydrophis platurus*
分类地位	有鳞目 SQUAMATA，眼镜蛇科 Elapidae
曾用学名	*Pelamis platurus*
英 文 名	Yellow-bellied Sea Snake，Yellow and Black Sea Snake
别　　名	黑背海蛇、黄腹海蛇。
保护级别	国家二级保护野生动物

物种介绍　中小型前沟牙毒蛇。终生海水生活，产子繁殖。主食小型鱼类。背面黑色，腹面鲜黄色，两色在体侧界线鲜明，故又叫黄腹海蛇或黑背海蛇。尾部虽也是背黑腹黄，但两色界线成波纹状，或还有黑色斑点，变异颇多。头窄长，吻长，躯体短而极侧扁，尾侧扁。吻鳞从头背可见其上缘。鼻鳞1对，较大，在吻背左右相接，其间没有鼻间鳞相隔，鼻孔开口于其后部，背位。体鳞六角形或近方形，平砌排列，在背面者平滑，在体侧者具短棱。腹鳞清晰可辨，常被纵沟分裂为二，少数与体鳞不易区别。

地理分布　长吻海蛇是全球分布最广的爬行动物。我国分布于山东、浙江、福建、广东、广西、海南、台湾、香港沿海。国外分布于印度洋北部、太平洋中部及其岛屿和国家沿海。

鲸骑士 绘　樊恩源 供图

42. 截吻海蛇

学 名	*Hydrophis jerdonii*
分类地位	有鳞目 SQUAMATA，眼镜蛇科 Elapidae
曾用学名	*Kerilia jerdonii*
英文名	Saddle-backed Sea Snake，Jerdon's Sea Snake
别 名	无
保护级别	国家二级保护野生动物

物种介绍 中小型前沟牙毒蛇。终生海水生活，产子繁殖。食鱼类。体较粗壮，近圆筒状。吻窄而略下斜。体、尾灰白色，有深色横斑38+2个，脊背有菱形的黑色小斑点。前额鳞小，不接眶上鳞。体鳞钝三角形，覆瓦状排列，排列较整齐。腹鳞较相邻体鳞略宽，清晰可辨。

地理分布 我国分布于台湾海峡。国外分布于南亚、东南亚各国沿海。

鲸骑士 绘 樊恩源 供图

43. 海蝰

学　　名	*Hydrophis viperinus*
分类地位	有鳞目SQUAMATA，眼镜蛇科Elapidae
曾用学名	*Praescutata viperina*
英 文 名	Viperine Sea Snake
别　　名	黑尾海蛇
保护级别	国家二级保护野生动物

物种介绍　中小型前沟牙毒蛇。终生海水生活，产子繁殖。吃鱼类。头大，与颈可区分。体略侧扁，中、后段比前段稍粗。尾侧扁，末端具大块灰黑色斑。体、尾背面暗绿色到黑色，有几十个略呈菱形的深色斑，年老个体逐渐变模糊不显。腹面浅灰白色，背腹两种颜色在体侧过渡。吻鳞在头背可见较多。鼻鳞甚大，左右在头背中线相接，几乎占据头背前1/3，没有鼻间鳞相隔，鼻孔开口于每一鼻鳞中部，背位。典型特征是体前部腹鳞宽大明显，后部则渐窄小。

地理分布　我国分布于福建、广东、广西、海南、台湾和香港沿海。国外分布于从波斯湾到印度尼西亚的各国沿海。

鲸骑士 绘　樊恩源 供图

44. 扬子鳄

学　名	*Alligator sinensis*
分类地位	鳄目 CROCODYLIA，鼍科 Alligatoridae
曾用学名	无
英文名	Chinese Alligator，Yangtze Alligator
别　名	鼍、中国鳄、土龙、鼍龙、猪婆龙
保护级别	国家一级保护野生动物，CITES附录I

物种介绍　小型鳄类，体长一般可达2米左右。成体重40千克左右。幼体黑色带有嫩黄色横斑。上眼睑有骨质板，吻端略向上翘。腹面体鳞骨化。上颌齿数36～38枚，下颌齿数36～38枚，总数为72～76。栖息于湖泊、水塘、江河、溪流和沼泽地。每年有4～5个月冬眠期。4—10月为活动期，夜间活动较活跃。以螺类、蚌类和鱼类为食，也会捕食老鼠、鸭等。生长速度较慢，野生雌性10岁左右性成熟。夏季筑巢繁殖，产卵期为6月底至7月中旬，每窝产卵数变化较大，一般10～50枚。野生鳄每窝产卵平均20枚左右；饲养鳄每窝产卵较多，平均28枚左右。孵化期54～60天。

地理分布　我国分布于安徽南部的宣城、芜湖和浙江长兴局部地区。绝大部分野生个体分布于安徽扬子鳄国家级自然保护区。

吴孝兵 摄

第三部分

两栖动物

1. 安吉小鲵

学　　名	*Hynobius amjiensis*
分类地位	有尾目 CAUDATA，小鲵科 Hynobiidae
曾用学名	无
英 文 名	Anji Hynobiid，Zhejiang Salamander
别　　名	无
保护级别	国家一级保护野生动物，CITES 附录 III

物种介绍　雄鲵全长 153 ～ 166 毫米，雌鲵全长 166 毫米左右，雄、雌鲵尾长均为头体长的 93% 左右。头部卵圆形而平扁，头长略大于头宽；吻端钝圆，颈褶明显；犁骨齿列呈"$\vee$"形，齿列向后延伸达眼球后缘。躯干粗壮而略扁，体侧肋沟 13 条；尾基部近圆形，向后逐渐侧扁，尾背鳍褶低而明显，尾末端钝圆。四肢较细长，前、后肢贴体相对时，指、趾端重叠或互达对方的掌、跖部；掌突和跖突明显；指 4、趾 5。皮肤光滑；体背面暗褐色或棕黑色，腹部灰褐色，均无斑纹。生活于海拔 1 300 米左右的山区近山顶的沟谷处沼泽地内，周围植被繁茂，地面有大小水坑，水深 50 ～ 100 厘米；以多种昆虫及蚯蚓等小动物为食。冬季的 12 月至翌年 3 月在水坑内繁殖。

地理分布　我国分布于浙江（安吉、淳安）、安徽（绩溪、歙县）。

陈苍松　摄

2. 中国小鲵

学 名	*Hynobius chinensis*
分类地位	有尾目 CAUDATA，小鲵科 Hynobiidae
曾用学名	*Hynobius*（*Hynobius*）*chinensis*
英 文 名	Chinese Hynobiid，Chinese Hynobiid Salamander
别 名	无
保护级别	国家一级保护野生动物

物种介绍 全长165 ~ 205毫米，尾长为头体长的85%左右。头长大于头宽，吻端圆，头顶部有一"Ⅴ"形脊，颈褶不明显或略显；犁骨齿列呈"Ⅴ"形，左右内侧后端中线相接或相距近。躯干较短而粗壮，肋沟11 ~ 12条，左右肋沟在腹中线相遇；尾基部略圆，向后至尾末端逐渐侧扁，无鳍褶或很弱。前、后肢贴体相对时，指、趾重叠2 ~ 3条肋沟；指4、趾5，第五趾短小。皮肤光滑；体、尾背面几乎为一致的黑色或褐黑色；腹面浅褐色，有大理石黑褐色斑。生活于海拔1 400 ~ 1 500米的山区。成鲵多栖于山间凹地水塘附近植被繁茂的次生林、杂草和灌木丛内，营陆栖生活。11—12月为繁殖季节。

地理分布 我国分布于湖北（长阳）。

侯勉 摄

3. 挂榜山小鲵

学　　名	*Hynobius guabangshanensis*
分类地位	有尾目CAUDATA，小鲵科Hynobiidae
曾用学名	无
英 文 名	Guabangshan Hynobiid
别　　名	无
保护级别	国家一级保护野生动物

物种介绍　体型较小，雄鲵全长125～151毫米，尾长约为头体长的71%。头部略扁，头长明显大于头宽，头顶有"Ｖ"形隆起，吻端圆，颈褶明显；犁骨齿列呈"Ｕ"或"Ｖ"形，两内枝齿列在后端互相连接。躯干圆柱状，腹面略扁平，肋沟13条；尾基部略圆，尾部有背、腹鳍褶，向后逐渐变薄，尾末端圆。前、后肢贴体相对时，指、趾重叠3条肋沟，内、外掌突和跖突均较圆；指4、趾5。皮肤光滑；体背面为黑色或黄绿色，具蜡光；腹面灰色略显紫红色，有许多白色小斑点。生活于海拔400～720米的山间小水塘、沼泽地及其附近，营陆栖生活，多栖息在落叶层下和土洞内。繁殖季节在11月中下旬，雄雌鲵进入繁殖水域配对产卵。

地理分布　我国分布于湖南（祁阳挂榜山）。

侯勉 摄

4. 猫儿山小鲵

学　　名　*Hynobius maoershanensis*

分类地位　有尾目CAUDATA，小鲵科Hynobiidae

曾用学名　无

英 文 名　Maoershan Hynobiid，Maoershan Salamander

别　　名　无

保护级别　国家一级保护野生动物

物种介绍　雄鲵全长152～160毫米，雌鲵136～155毫米，雄、雌鲵尾长分别为头体长的74%和64%左右。头部略扁，头长大于头宽；吻端圆，颈褶明显；犁骨齿列呈"Ｖ"形。躯干圆柱状，腹面扁平，肋沟12条；尾基部呈圆柱形，向后逐渐侧扁，尾鳍褶不明显，尾末端钝圆。前、后肢贴体相对时，指、趾重叠或相遇；掌和跖均无黑色角质层，无掌突和跖突；指4、趾5。皮肤光滑；体背面一般为黑色、浅紫棕色或黄绿色，无斑纹；体侧和体腹面灰色，散有许多白色小斑点。生活于海拔1 978～2 015米的山区沼泽地及其周围植被繁茂地带。成鲵营陆栖生活，繁殖季节从11月初至翌年2月，此期成鲵进入静水塘内交配产卵，雌鲵将卵袋产在水质清澈透明、水底有淤泥的水塘内，水塘水深20～50厘米。

地理分布　我国分布于广西（龙胜、兴安）。

江建平 摄

5. 普雄原鲵

学　　名	*Protohynobius puxiongensis*
分类地位	有尾目CAUDATA，小鲵科Hynobiidae
曾用学名	*Pseusohynobius puxiongensis*
英　文　名	Puxiong Protohynobiid，Puxiong Salamander
别　　名	无
保护级别	国家一级保护野生动物

物种介绍　体型较小，雄鲵全长133毫米，尾长约为头体长的86%。头长大于头宽；吻端宽圆，颈褶明显，头侧从眼后至颈褶有一条细的纵沟，纵沟下方较隆起；犁骨齿很短，呈"〜〜"状。躯干圆柱形，略扁，肋沟13条；背脊平、无沟，亦无脊棱，腹部中央有一条浅纵沟；尾鳍褶弱，末端钝圆。前肢较细，后肢较粗壮；前、后肢贴体相对时，趾、指相遇；掌突2个，内跖突明显，外跖突不显；指4、趾5。皮肤光滑，体背面为一致的暗棕色，体腹面深灰色，尾部背面略显棕黄色斑。生活于海拔2 900米以上的高山区，栖息地林木繁茂，夏季雨水甚多，环境潮湿，大小流溪较多。成体见于溪流及附近区域，能进行较远距离迁移；4—5月为繁殖季节。

地理分布　我国分布于四川（越西普雄）。

曾晓茂　摄

102　国家重点保护水生野生动物

6. 辽宁爪鲵

学　　名	*Onychodactylus zhaoermii*
分类地位	有尾目CAUDATA，小鲵科Hynobiidae
曾用学名	*Onychodactylus fischeri*
英　文　名	Liaoning Clawed Salamander
别　　名	无
保护级别	国家一级保护野生动物

物种介绍　体细长。雄性全长145.0 ～ 164.4毫米，雌鲵全长143.3 ～ 176.1毫米，尾长分别为头体长的136.8％和107.5％左右。头较扁平，吻端钝圆，颈褶清晰；犁骨齿明显弯曲呈"　"形。躯干圆柱状，肋沟13条左右；尾前段呈圆柱形，向后逐渐侧扁，尾后1/3背鳍褶弱，尾末端钝尖。前、后肢贴体相对时，指、趾末端仅相遇；指4、趾5，内侧指、趾末端均具黑爪。皮肤光滑；体背面黄褐色、橘黄色，头背面有细密褐色小斑点，体尾背面有不规则的黑褐色网状斑；腹面浅橘黄色。生活于海拔600米左右的山区流溪或泉水沟的近源处及其附近（植被茂密）。4月上旬出蛰，在水域附近出现。白天隐伏于潮湿环境中，黄昏或雨后活动频繁；捕食小虾、昆虫成虫及其幼虫等。5—6月为繁殖期，多在夜间产卵；幼体2年完成变态发育。

地理分布　我国分布于辽宁（岫岩）。

曾晓茂 摄

7. 吉林爪鲵

学　　名	*Onychodactylus zhangyapingi*
分类地位	有尾目CAUDATA，小鲵科Hynobiidae
曾用学名	*Onychodactylus fischeri*
英 文 名	Jilin Clawed Salamander
别　　名	无
保护级别	国家二级保护野生动物

物种介绍　　体型细，雄性全长138.3 ～ 164.0毫米，雌鲵全长130.1 ～ 179.4毫米，尾长分别为头体长的136.6%和110.9%左右。头较扁平，吻端钝圆，颈褶清晰；犁骨齿列呈"～～"形。躯干圆柱状，肋沟13条左右；尾前段呈圆柱形，向后逐渐侧扁，无尾鳍褶，尾末端钝圆或钝尖。前、后肢贴体相对时，指、趾末端相遇或重叠2 ～ 3条肋沟；指4、趾5，末端均具黑爪。皮肤光滑；体尾背面浅紫黄色、紫褐色，有网状黑褐色斑，头部背面有黑褐色点状斑；腹面灰白色。生活于海拔250 ～ 1 000米的杂草丛生、水质清凉的流溪或泉水沟及其附近。多营陆栖生活，在水域附近；白天隐伏，黄昏或雨后活动频繁；捕食蛞蝓、蜗牛、蜘蛛、蚯蚓、马陆、蝌蚪、昆虫成虫及其幼虫。4月上旬出蛰，5月至6月初为繁殖期。

地理分布　　我国分布于吉林（浑江、临江、集安、白河、延吉）。

曾晓茂 摄

8. 新疆北鲵

学　　名　*Ranodon sibiricus*

分类地位　有尾目 CAUDATA，小鲵科 Hynobiidae

曾用学名　*Triton（Ranodon）sibiricus*，*Ranidens sibiricus*

英 文 名　Central Asian Salamander，Sermirechensk Salamander，Xinjiang Salmander

别　　名　无

保护级别　国家二级保护野生动物

物种介绍　体型中等，雄鲵全长163毫米左右，雌鲵全长150 ~ 180毫米，雄、雌鲵尾长分别为头体长的98%和92%左右。头扁平，头长大于头宽；吻端宽圆，有颈褶和唇褶；犁骨齿列呈"八"形。躯干圆柱状，呈背腹扁，肋沟11 ~ 13条；尾基部圆，向后渐侧扁，尾背鳍褶平直，末端略尖。前、后肢贴体相对时，指、趾重叠；掌、跖部无黑色角质层；指4、趾5，第一指、趾最短。皮肤光滑；体背面黄褐色、灰绿色或深橄榄色，有的个体背面有深色斑点；腹面较背面的色浅。生活于海拔1 800 ~ 3 200米的山地草原地带，多栖息于涌泉形成的小溪或沼泽内，其内多有石块。成鲵白天隐于水底石下，夜间在水中爬行或游泳；主要捕食水生小型动物，如毛翅目和双翅目幼虫、小虾等。6月初至7月初为繁殖季节，产卵袋一对。

地理分布　我国分布于新疆（温泉、伊宁、霍城、塔城）。国外分布于哈萨克斯坦（阿拉套山脉）。

王秀玲 供图

9. 极北鲵

学　名	*Salamandrella keyserlingii*
分类地位	有尾目 CAUDATA，小鲵科 Hynobiidae
曾用学名	*Isodactylium wosnessenshyi*，*Hynobius keyserlingii*
英文名	Siberian Salamander
别　名	无
保护级别	国家二级保护野生动物

物种介绍 体型小，雄性全长117～127毫米，雌性全长100～112毫米，尾长分别为头体长的72%和64%左右。头部扁平呈椭圆形；吻端圆而高，颈褶明显，眼后角至颈褶有一浅纵沟；犁骨齿列呈"ⴸ"形。躯干部背、腹略扁，肋沟13～14条；尾侧扁而较短；尾末端钝尖。前、后肢贴体相对时，指、趾相距2～3条肋沟；指4、趾5。皮肤光滑；头体背面多为棕黑色或棕黄色，体背面呈现3条深色纵纹，背正中有一条若断若续的深色纵脊纹；腹面浅灰色。生活于海拔200～1 800米的丘陵、山地。成体营陆栖生活，多在植被较好的静水塘及山沟附近，昼伏夜出，多在黄昏或雨后外出活动。觅食昆虫、软体动物、蚯蚓等。繁殖季节在4月上旬至5月。

地理分布 我国分布于黑龙江、吉林、辽宁（康平、昌图）、内蒙古、河南（商城，存疑）。国外分布于俄罗斯、哈萨克斯坦、蒙古国、朝鲜、日本。

曾晓茂 摄

10. 巫山巴鲵

学　名	*Liua shihi*
分类地位	有尾目CAUDATA，小鲵科Hynobiidae
曾用学名	*Ranodon shihi*
英文名	Wushan Salamander
别　名	无
保护级别	国家二级保护野生动物
物种介绍	成体体型肥壮，雄鲵全长151～200毫米，雌鲵全长133～

162毫米，尾长分别为头体长的87％和71％左右。头长略大于宽；唇褶发达，有颈褶；犁骨齿列呈"ハゝ"形。躯干略呈圆柱形；尾基部圆，向后逐渐侧扁，背鳍褶起自尾基部，尾末端钝圆。前、后肢贴体相对时，指、趾互达对方的掌、跖部。掌、跖部腹面有棕黑色角质层；指4、趾5，指趾末端角质层似爪状。皮肤光滑；体尾黄褐色、灰褐色或绿褐色，有黑褐色或浅黄色大斑；腹面乳黄色，或有黑褐色细斑点。生活于海拔900～2 350米的山区大小溪流及其附近区域（植被茂盛）。成体多栖于小山溪内石下或溪边土穴，主要以毛翅目等水生昆虫及其幼虫和虾类、藻类为食。繁殖季节3—4月。

地理分布　我国分布于四川（万源）、重庆（巫山、巫溪、城口）、湖北（神农架、巴东、宜昌）。

王斌 摄

11. 秦巴巴鲵

学　　名　*Liua tsinpaensis*

分类地位　有尾目CAUDATA，小鲵科Hynobiidae

曾用学名　*Ranodon tsinpaensis*，*Pseudohynobius tsinpaensis*，*Tsinpa tsinpaensis*

英 文 名　Tsinpa Salamander

别　　名　无

保护级别　国家二级保护野生动物

物种介绍　体型较小，雄鲵全长119～142毫米，头体长62～71毫米，雄鲵尾长为头体长的95%。头部扁平呈卵圆形，头长大于头宽；吻端钝圆，无唇褶，颈褶明显；犁骨齿列呈"▽"形。躯干背腹略扁，肋沟13条；尾略短于头体长，尾基部较圆，向后逐渐侧扁，尾末端多钝圆。前、后肢贴体相对时，指、趾末端仅相遇；掌跖部无黑色角质层；指4、趾5。皮肤光滑；体、尾背面金黄色与棕黑色交织成云斑状；腹面藕荷色，杂以细白点。雄鲵指、趾末端有黑色角质层似爪状。生活于海拔1 770～1 860米的小山溪及其附近。成鲵营陆栖生活，白天多隐蔽在小溪边或附近的石块下，主要捕食昆虫和虾类。5—6月为繁殖期。

地理分布　我国分布于陕西（周至、宁陕、太白、眉县）、河南（栾川、内乡）、四川（万源、邻水、旺苍、平武）、重庆（城口、北碚）。

谢锋 摄

12. 黄斑拟小鲵

学　　名	*Pseudohynobius flavomaculatus*
分类地位	有尾目CAUDATA，小鲵科Hynobiidae
曾用学名	*Hynobius flavomaculatus*，*Pseudohynobius flavomaculatus*，*Ranodon flavomaculatus*，*Ranodon*（*Pseudohynobius*）*flavomaculatus*，*Pseudohynobius*（*Pseudohynobius*）*flavomaculatus*
英 文 名	Yellow Spotted Salamander
别　　名	无
保护级别	国家二级保护野生动物
物种介绍	体型中等偏大，雄鲵全长158～189毫米，雌鲵全长138～180毫米，尾长分别为头体长的88%和79%左右。头长大于头宽，吻端钝圆，颈褶明显，无唇褶；有前颌囟，犁骨齿列呈"﹀"形。躯干近圆柱状而背腹略扁，肋沟11～12条；尾鳍褶低平，末端多钝圆。前、后肢贴体相对时，指、趾端相遇或略重叠；指4、趾5。皮肤光滑；背面紫褐色，有不规则的黄色斑或棕黄色斑，尾后段的斑较少或无；体腹面为浅紫褐色。繁殖季节雄性头体及四肢背面有白刺。生活于海拔1 158～2 165米的山区，栖息地灌木丛和杂草繁茂，水源丰富。成鲵白天常栖于箭竹和灌木丛根部的苔藓下或土洞中，夜间觅食虾类、昆虫及其幼虫等小动物。繁殖季节在4月中旬，卵产在泉水洞内或小溪边有树根的泥窝内。
地理分布	我国分布于湖北（利川、巴东、咸丰）、湖南（桑植）。

侯勉 摄

13. 贵州拟小鲵

学　　名	*Pseudohynobius guizhouensis*
分类地位	有尾目CAUDATA，小鲵科Hynobiidae
曾用学名	*Pseudohynobius（Pseudohynobius）guizhouensis*
英 文 名	Guiding Salamander，Guizhou Salamander
别　　名	无
保护级别	国家二级保护野生动物

物种介绍　体型较大，雄鲵全长176.0 ～ 184.0毫米，雌鲵全长157.1 ～ 203.4毫米，雄、雌鲵尾长分别为头体长的92.5%和87.4%左右。头部扁平呈卵圆形，吻端钝圆。犁骨齿列长"﹏"形。躯干圆柱状，背腹略扁，肋沟12 ～ 13条；尾部肌节间有浅沟，尾背鳍褶起始于尾基部上方，末端多钝尖。前、后肢贴体相对时，指、趾端重叠；指4、趾5，指、趾略宽扁，无蹼。皮肤较光滑；生活时整个背面紫褐色，有橘红色或土黄色斑。雄鲵背尾鳍褶发达，前、后肢及尾基部较粗壮。生活于海拔1 400 ～ 1 700米的较高山地区的溪流及附近区域。栖息地箭竹和灌木茂密，溪边水草茂盛。成体非繁殖期远离水域，生活在植被繁茂、地表枯枝落叶层厚、阴凉潮湿的环境中；幼体栖息在小溪内回水处。

地理分布　我国分布于贵州（贵定）。

田应洲 摄

14. 金佛拟小鲵

学 名	*Pseudohynobius jinfo*
分类地位	有尾目CAUDATA，小鲵科Hynobiidae
曾用学名	*Pseudohynobius*（*Pseudohynobius*）*jinfo*
英文名	Jinfo Salamander，Mount Jinfo Salamander
别 名	无
保护级别	国家二级保护野生动物
物种介绍	体型较大，雄鲵全长198.7毫米，雌鲵全长163.3毫米，雄、雌鲵尾长分别为头体长的130.7%和114.6%。头部扁平呈卵圆形，头长大于头宽，吻端钝圆，无唇褶，上、下颌有细齿；犁骨齿列长，呈"～"形。躯干圆柱状，背腹略扁，肋沟12条；尾明显长于头体长，尾背鳍褶起始于尾基部上方，末端钝尖。前、后肢贴体相对时，指、趾端略重叠；指4、趾5。皮肤较光滑，活体整个背面呈紫褐色，有不规则的土黄色小斑点或斑块。生活于海拔1 980～2 150米的植被繁茂的较高山区。成体白天隐蔽在溪边草丛，晚上在水内活动。非繁殖期成鲵远离水域，生活在灌木和杂草茂密的地表枯枝落叶层潮湿的环境中。
地理分布	我国分布于重庆（南川金佛山）。

侯勉 摄

15. 宽阔水拟小鲵

学　　名　*Pseudohynobius kuankuoshuiensis*

分类地位　有尾目CAUDATA，小鲵科Hynobiidae

曾用学名　*Hynobius flavomaculatus*，*Pseudohynobius（Pseudohynobius）kuankuoshuiensis*

英 文 名　Kuankuoshui Salamander

别　　名　无

保护级别　国家二级保护野生动物

物种介绍　雄鲵全长162毫米，雌鲵全长150～155毫米，尾长分别为头体长的90%和73%左右。头部扁平，头长大于头宽；吻端钝圆，突出于下唇，颈褶明显；头顶中部有一"Ｖ"形隆起，中间略凹陷；犁骨齿列呈"〜"形。躯干近圆柱状，背腹略扁，肋沟11条；尾背鳍褶较弱，末段侧扁渐细窄，末端钝圆。前肢比后肢略细，无蹼；前、后肢贴体相对时，指、趾端仅相遇或略重叠；掌、跖部无黑色角质层，掌、跖突略显；指4、趾5。皮肤光滑；整个背面呈紫褐色，有近圆形的土黄色斑块，尾后段较少；体腹面色较浅。生活于海拔1 350～1 500米的山区，有灌木丛、阔叶乔木林、茶树丛和草丛。在非繁殖期间营陆栖生活，多栖息于阴凉潮湿处。幼体生活于小山溪水凼回水处。

地理分布　我国分布于贵州（绥阳、桐梓、道真、雷公山、梵净山）。

谷晓明 摄

16. 水城拟小鲵

学 名	*Pseudohynobius shuichengensis*
分类地位	有尾目CAUDATA，小鲵科Hynobiidae
曾用学名	*Pseudohynobius*（*Pseudohynobius*）*shuichengensis*
英 文 名	Shuicheng Salamander
别 名	无
保护级别	国家二级保护野生动物

物种介绍 体型较大，雄鲵全长178～210毫米，雌鲵全长186～213毫米，雄、雌鲵尾长分别为头体长的94%和91%左右。头部扁平，头长远大于头宽；吻端钝圆，颈褶明显；犁骨齿列呈"⌣"形。躯干圆柱状，背腹略扁，肋沟12条；尾后段很侧扁，尾末端多呈剑状。前、后肢贴体相对时，掌、跖部重叠1/2；掌、跖部无黑色角质层，一般有内外掌突和跖突；指4、趾5。皮肤光滑；整个背面呈紫褐色，无异色斑纹；体腹面色较浅。生活于海拔1 910～1 970米的石灰岩山区植被繁茂的地方。成鲵非繁殖期间营陆栖生活，夜间觅食昆虫、螺类等小动物；繁殖季节在5月上旬至6月下旬。幼体越冬多隐藏在水凼内叶片和石块下，翌年5—7月完成变态，并上岸营陆栖生活。

地理分布 我国分布于贵州（水城）。

侯勉 摄

17. 弱唇褶山溪鲵

学　　名	*Batrachuperus cochranae*
分类地位	有尾目CAUDATA，小鲵科Hynobiidae
曾用学名	无
英 文 名	Cochran's Stream Salamander
别　　名	羌活鱼
保护级别	国家二级保护野生动物
物种介绍	体型中等偏小，雄鲵全长106～126.5毫米，雌鲵全长约155毫米。头顶平，吻部高，吻端宽圆，唇褶弱；头长大于头宽，后部较宽扁，腹面无纵褶；颈褶呈弧形，眼后至颈褶有一条浅沟；颈侧部位较隆起。犁骨齿列呈"∧"形。躯干浑圆，尾基部圆柱状，向后逐渐侧扁，尾鳍褶平直而低厚，后部较薄。前、后肢贴体相对时，指、趾端仅相遇；掌、跖部无黑色角质层；指4、趾4。皮肤光滑；体尾背面黄褐色，散布有深棕色斑点；体腹面灰黄色。生活于海拔3 500～3 900米的高山溪流及其附近区域，多栖息于植被繁茂、地面极为阴湿的环境中。
地理分布	我国分布于四川（小金、汶川）。

费梁 摄

18. 无斑山溪鲵

学　名	*Batrachuperus karlschmidti*
分类地位	有尾目 CAUDATA，小鲵科 Hynobiidae
曾用学名	*Salamandrella karlschmidti*，*Batrachuperus tibetanus*
英 文 名	Schumidt's Stream Salamander
别　名	杉木鱼、羌活鱼
保护级别	国家二级保护野生动物

物种介绍　雄鲵全长151～220毫米，雌鲵全长145～191毫米。吻略呈方形，眼径大于眼前角到鼻孔间距，唇褶发达，舌小而长，两侧游离。尾较强壮，略短于体长，基部略圆，向后逐渐侧扁；尾鳍褶薄，只分布于尾的后侧背部。泄殖腔方形，后侧有凹槽。皮肤无斑点或者花纹，体背面黑褐色或黑灰色，腹面颜色稍亮。生活于海拔1 800～4 000米的山地小溪中。常栖息于较平整的石头下面，主要以水中的石蝇、钩虾幼体等为食。5—8月为繁殖季节。

地理分布　我国分布于四川西部、西藏东北部、云南西北部。

谢锋 摄

19. 龙洞山溪鲵

学　　名　*Batrachuperus londongensis*

分类地位　有尾目CAUDATA，小鲵科Hynobiidae

曾用学名　无

英 文 名　Londong Stream Salamander

别　　名　杉木鱼

保护级别　国家二级保护野生动物

物种介绍　体型中等，雄鲵全长155～265毫米，雌鲵全长163～232毫米，雄、雌鲵尾长分别为头体长的92%和86%左右。头较扁平，头长大于头宽；颈褶呈弧形；性成熟的多数个体颈侧有鳃孔或外鳃残迹；犁骨齿列呈"ハヽ"形。躯干略扁；尾基部圆柱状，向后逐渐侧扁；尾背鳍褶低厚，约起于尾的中部，尾末端钝圆。前、后肢贴体相对时，指、趾端相距2～3条肋沟；掌、跖部腹面有棕黑色角质层；指4、趾4，指趾末端黑色角质层呈爪状。皮肤光滑；体背面多为黑褐色、褐黄色；体腹面浅紫灰色，有的有蓝黑色云斑。生活于海拔1 200～1 800米的溪流、泉水洞以及下游河道内，河内石块甚多，水清凉。成鲵主要营水栖生活，在水中捕食虾类和水生昆虫及其幼虫等。

地理分布　我国分布于四川（峨眉山、洪雅、荥经、汉源）。

侯勉 摄

20. 山溪鲵

| 学　　名 | *Batrachuperus pinchonii* |

学　　名 *Batrachuperus pinchonii*

分类地位 有尾目 CAUDATA，小鲵科 Hynobiidae

曾用学名 *Dermodactylus pinchonii*，*Desmodactylus pinchonii*，*Salamandrella sinensis*，*Batrachuperus sinensis*

英 文 名 Stream Salamander

别　　名 杉木鱼

保护级别 国家二级保护野生动物

物种介绍 雄鲵全长181～204毫米，雌鲵全长150～186毫米，雄、雌鲵尾长分别为头体长的95%和88%左右。头部略扁平，头长大于头宽，吻端圆，唇褶发达；头后部较宽扁，颈褶弧形；犁骨齿列呈"ΛΛ"形。躯略扁平；尾鳍低厚而平直，起自尾基部后2～5个肌节处，尾末端钝圆。前、后肢贴体相对时，指、趾端相距2～3条肋沟；掌、跖部腹面有棕色角质层；指4、趾4。皮肤光滑；体背面青褐色、橄榄绿色，其上有褐黑色斑纹或斑点；腹面灰黄色，麻斑少。生活于海拔1 500～3 950米的山区流溪内；成鲵多栖于大石下或倒木下，当地称为"杉木鱼"。成鲵捕食虾类、水生昆虫及其幼虫、蚯蚓等。5—7月繁殖，雌鲵产卵袋一对，一端相连成柄并黏附在石块底面。

地理分布 我国分布于四川（马尔康、宝兴、小金、大邑、峨眉、洪雅、喜德、冕宁、越西、安县、石棉、北川、彭州）。

曾晓茂 摄

21. 西藏山溪鲵

学　名　*Batrachuperus tibetanus*

分类地位　有尾目 CAUDATA，小鲵科 Hynobiidae

曾用学名　*Batrachuperus karlschmidti*，*Batrachuperus taibaiensis*

英 文 名　Alpine Stream Salamander，Tibetan Stream Salamander

别　名　杉木鱼、羌活鱼

保护级别　国家二级保护野生动物

物种介绍　雄鲵全长175～211毫米，雌鲵全长170～197毫米，雄、雌鲵尾长分别为头体长的104%和96%左右。头部较扁平，头长略大于头宽，吻端宽圆，唇褶发达，颈褶弧形；犁骨齿列呈"ハ"形。躯干圆柱状或略扁；尾基部粗圆，向后逐渐侧扁；尾鳍褶低厚而平直，末端钝圆。前、后肢贴体相对时，指、趾端相距2～3条肋沟；掌、跖部无黑色角质层；指4、趾4。皮肤光滑；体尾背面深灰色或橄榄灰色，其上有酱黑色细小斑点或无；腹面较背面颜色略浅。生活于海拔1500～4250米的山区或高原流溪内，多栖息于溪内石下或泉水沟石块下。成鲵白天多隐于溪水底石下或倒木下，当地称为"杉木鱼"，主要捕食虾类和水生昆虫及其幼虫。5—7月为繁殖季节。

地理分布　我国分布于陕西（周至、佛坪、柞水、凤县）、甘肃（康县、文县、西和、漳县、舟曲）、四川（南江、黑水、若尔盖、平武、九寨沟、米亚罗、小金）。

李成 摄

22. 盐源山溪鲵

学　名	*Batrachuperus yenyuanensis*
分类地位	有尾目 CAUDATA，小鲵科 Hynobiidae
曾用学名	无
英文名	Yenyuan Stream Salamander
别　名	杉木鱼、羌活鱼
保护级别	国家二级保护野生动物

物种介绍　雄鲵全长163 ～ 211毫米，雌鲵全长135 ～ 175毫米，雄、雌鲵尾长分别为头体长的119%和107%左右。头甚扁平，头长大于头宽；吻端圆，颈褶弧形；犁骨齿列呈"ㄟㄟ"形，每侧有齿3 ～ 6枚。躯干扁平，肋沟11 ～ 12条；尾鳍褶高而薄，起自尾基部，末端圆。前、后肢贴体相对时，指、趾端略重叠或相距2条肋沟；掌、跖部无黑色角质层；指4、趾4。皮肤光滑；体背面黑褐色、黄褐色或蓝灰色，其上有云斑；腹面为灰黄色，褐色云斑少。生活于海拔2 900 ～ 4 400米植被较为丰茂的高山区的山溪内或高山海子边。成鲵多栖于溪内石块下，主要捕食虾类、水生昆虫及其幼虫，偶尔吃种子和藻类等。3—4月为繁殖盛期。

地理分布　我国分布于四川（德昌、普格、冕宁、盐边、盐源）。

谢锋 摄

23. 阿里山小鲵

学　　名	*Hynobius arisanensis*
分类地位	有尾目CAUDATA，小鲵科Hynobiidae
曾用学名	*Hynobius*（*Poyarius*）*arisanensis*，*Hynobius*（*Makihynobius*）*arisanensis*
英 文 名	Arisan Hynobiid，Arisan Salamander
别　　名	山椒鱼
保护级别	国家二级保护野生动物
物种介绍	体型较小，雄鲵全长86～115毫米，雌鲵全长80～92毫米，雄、雌鲵尾长分别为头体长的69%和74%左右。头扁平，头长大于头宽；吻端圆，鼻孔靠近吻端；犁骨齿列呈"ᴦ"形，内枝后段呈弧形，左右不相连；耳后腺椭圆形，颈褶明显。躯干圆柱形，略扁平，肋沟12～13条；尾末端钝尖。前、后肢贴体相对时，指与趾不相遇，其间距约为2条肋沟；掌跖部无黑色角质层，掌突和跖突不明显或无；指4、趾5。皮肤光滑，背面深褐色、茶褐色或浅褐色，腹面色浅略带乳黄色。生活于海拔1 800～3 650米植被繁茂的中、高山区。成鲵常栖于林下流溪缓流处、沼泽地和苔藓丰富的地方。3—4月可在流溪内发现成鲵，7月中旬可见到幼体，可能在流溪内繁殖。
地理分布	我国分布于台湾（阿里山、玉山至大武山）。

向高世 摄

24. 台湾小鲵

学　　名　*Hynobius formosanus*

分类地位　有尾目 CAUDATA，小鲵科 Hynobiidae

曾用学名　*Hynobius sonani*，*Pseudosalamandra sonani*，*Hynobius*（*Poyarius*）*formosanus*，*Hynobius*（*Makihynobius*）*formosanus*

英 文 名　Formosan Hynobiid，Taiwan Salamander

别　　名　山椒鱼

保护级别　国家二级保护野生动物

物种介绍　体型较小，全长58～98毫米，尾长为头体长的72%左右。头圆而扁平，头长大于头宽，吻端圆，颈褶明显；犁骨齿列呈"ΓΓ"形。躯干圆柱形，肋沟12～13条；尾基部较粗，向后逐渐变细而侧扁。前肢略短于后肢，前、后肢贴体相对时，指、趾不相遇；掌、跖部无黑色角质层，掌突和跖突不明显；指4、趾5，第五趾短于第一趾或完全退化。皮肤光滑；生活时背面茶褐色或黑色，其上无斑纹或具黄褐色、金黄色斑点；体腹面色略浅，具深色小斑点。生活于海拔2 300～2 900米的山区溪流及其附近。1月初曾在流溪内石下发现雌、雄鲵，1—3月在野外发现胚胎，繁殖季节可能在11月至翌年1月。

地理分布　我国分布于台湾（南投合欢山及能高山附近）。

向高世 摄

25. 观雾小鲵

学　　名　*Hynobius fuca*

分类地位　有尾目CAUDATA，小鲵科Hynobiidae

曾用学名　*Hynobius*（*Poyarius*）*fucus*，*Hynobius*（*Makihynobius*）*fuca*

英文名　Taiwan Lesser Hynobiid，Taiwan Lesser Salamander

别　　名　山椒鱼

保护级别　国家二级保护野生动物

物种介绍　体型小；雄鲵全长74.1～85.6毫米，雄鲵尾长为头体长的56.6%左右；雌鲵全长88.4～116.5毫米，雌鲵尾长为头体长的61.2%左右。头圆而扁平，头长大于头宽；吻端圆，颈褶明显；犁骨齿列呈"Ⅶ"形。躯干圆柱形，肋沟11～12条；尾基部较粗，向后逐渐变细而侧扁。前肢略短于后肢，前、后肢贴体相对时，指、趾相距约2条肋沟；掌跖部无黑色角质层，指、趾无关节下瘤；指4、趾5。皮肤光滑；生活时背面黑褐色，有显著的白斑点；体侧和腹面褐色，具浅黄色斑块。生活在海拔1 200～2 100米的山区，栖息地植被为红树和针叶树混交林。成体栖息在阴暗潮湿的石块下或腐烂的树叶下，其种群数量稀少，很难找到。繁殖期以冬末春初为主，在流水水域产卵，有护卵行为。

地理分布　我国分布于台湾（桃园、台北、新竹）。

向高世 摄

26. 南湖小鲵

<table>
<tr><td>学　　名</td><td>Hynobius glacialis</td></tr>
<tr><td>分类地位</td><td>有尾目 CAUDATA，小鲵科 Hynobiidae</td></tr>
<tr><td>曾用学名</td><td>Hynobius（Poyarius）glacialis，Hynobius（Makihynobius）glacialis</td></tr>
<tr><td>英 文 名</td><td>Glacial Hynobiid，Nanhu Salamander</td></tr>
<tr><td>别　　名</td><td>山椒鱼</td></tr>
<tr><td>保护级别</td><td>国家二级保护野生动物</td></tr>
<tr><td>物种介绍</td><td>体型小；雄鲵全长93.1 ～ 123.9毫米，雄鲵尾长为头体长的79.1％左右；雌鲵全长88.4 ～ 116.5毫米，雌鲵尾长为头体长的74.1％左右。头圆而扁平，头长大于头宽；吻端圆，颈褶明显；犁骨齿列呈"ᴗ"形，内枝甚长，外枝很短。躯干圆柱形，肋沟11 ～ 13条；尾基部较粗，向后逐渐变细而侧扁。前、后肢贴体相对时，指、趾相遇；指4、趾5，第五趾短于第一趾。皮肤光滑；生活时背面浅黄褐色，其上有不规则而均匀分布的黑褐色条形斑纹；体腹面有浅黄色斑块。生活于海拔3 000 ～ 3 536米的山区，通常栖息在小河支流附近的泉水或浸水处，白天隐蔽在砾石的下面。可能旱季在流溪繁殖。</td></tr>
<tr><td>地理分布</td><td>我国分布于台湾（中央山脉北部的南湖大山）。</td></tr>
</table>

向高世 摄

27. 东北小鲵

学　　名 *Hynobius leechii*

分类地位 有尾目CAUDATA，小鲵科Hynobiidae

曾用学名 *Hynobius mantchuricus*，*Hynobius mantschuriensis*，*Hynobius kurashigei*，*Hynobius*（*Hynobius*）*leechii*

英 文 名 Northeast China Hynobiid，Leech's Salamander

别　　名 无

保护级别 国家二级保护野生动物

物种介绍 体型小，雄鲵全长85～141毫米，雌鲵全长86～142毫米，雄、雌鲵尾长分别为头体长的74%和64%左右。头部扁平，头长大于头宽；吻端钝圆，颈褶明显；犁骨齿列呈"$\bigvee$"形。躯干圆柱状而略扁，肋沟11～13条；尾基部近圆形，向后逐渐侧扁，尾背鳍褶明显，尾末端钝圆。前、后肢贴体相对时，指、趾端相距2～3条肋沟；内侧掌突和跖突显著；指4、趾5。皮肤光滑；头体背面呈黄褐色、绿褐色或暗灰色，其上有黑灰色斑点；体腹面灰褐色或污白色。生活于海拔200～850米的山区密林中的小溪或浸水水塘附近。10月初入蛰，一般在向阳处土壤中、乱石堆里及草垛下越冬。成体捕食昆虫及其幼虫，幼体以水蚤和水丝蚓为主要食物。3月末4月初为繁殖季节。

地理分布 我国分布于黑龙江（松花江流域）、吉林（白河、汪清、和龙、吉林）、辽宁。国外分布于朝鲜和韩国。

费梁 摄

28. 楚南小鲵

学　　名 *Hynobius sonani*

分类地位 有尾目 CAUDATA，小鲵科 Hynobiidae

曾用学名 *Salamandrella sonani*，*Hynobius*（*Poyarius*）*sonani*，*Hynobius*（*Makihynobius*）*sonani*

英文名 Sonan's Hynobiid，Yushan Salamander

别　　名 山椒鱼

保护级别 国家二级保护野生动物

物种介绍 体型小，雄鲵全长98～129毫米，雌鲵全长90～105毫米，雄、雌鲵尾长分别为头体长的69%和74%左右。头前半部较扁平；吻端钝圆，颈褶明显；犁骨齿列呈"ɤ"形。躯干肥壮，肋沟12～13条；尾较肥厚，尾部近圆柱状，向后部逐渐扁平，末端钝尖。前、后肢贴体相对时，指、趾端相距约3条肋沟；有内掌突；指4、趾5，第五趾退化。皮肤光滑；背面为浅色，其上有深褐色花斑；腹部色较浅，咽喉部黄褐色，夹杂有暗褐色斑纹；体腹面和尾腹侧有黑褐色小斑点。生活于海拔2 600～3 500米的山区，栖息地森林茂密、杂草丛生，常见于石缝中或山溪边石下及环境阴湿的地方。以昆虫和蜘蛛为食。繁殖期可能在11月至翌年1月中旬。

地理分布 我国分布于台湾（能高山、玉山）。

向高世 摄

29. 义乌小鲵

学 名	*Hynobius yiwuensis*
分类地位	有尾目CAUDATA，小鲵科Hynobiidae
曾用学名	*Hynobius*（*Hynobius*）*yiwuensis*
英 文 名	Yiwu Hynobiid，Yiwu Salamander
别 名	无
保护级别	国家二级保护野生动物

物种介绍　雄鲵全长83～136毫米，雌鲵全长87～117毫米，雄、雌鲵尾长分别为头体长的75%和60%左右。头长大于头宽；吻端钝圆，颈褶明显；犁骨齿列呈"ⴼ"形。躯干圆柱状，背腹略扁，肋沟10～11条；尾基部近圆形，向后逐渐侧扁；尾背鳍褶起于尾基部，直至末端；尾腹鳍褶位于尾后段1/3处，尾末端钝圆。前、后肢贴体相对时，指、趾端多不相遇；掌突和跖突小；指4、趾5。皮肤光滑；体背面一般为黑褐色，体侧通常有灰白色细点；体腹面灰白色，无斑纹。生活于海拔50～200米植被较繁茂的丘陵山区。成鲵常见于潮湿的泥土、石块或腐叶下，以小型动物为食。12月中旬至翌年2月为繁殖季节，卵产在流溪边的静水池（坑）或小水库边缘。

地理分布　我国分布于浙江（舟山、镇海、萧山、义乌、温岭、江山、北仑）。

王聿凡 摄

30. 大鲵

学　　名	*Andrias davidianus*
分类地位	有尾目 CAUDATA，隐鳃鲵科 Cryptobranchidae
曾用学名	*Megalobatrachus davidianua*
英 文 名	Chinese Giant Salamander
别　　名	娃娃鱼、大鲵、孩儿鱼、狗鱼
保护级别	国家二级保护野生动物（仅限野外种群），CITES 附录 I

物种介绍 现生世界上最大的两栖动物，成体全长1米左右，大者可达2米以上，尾长为头体长的52% ～ 57%。头扁平，头长略大于头宽；眼小无眼睑；口大，唇褶清晰。躯干粗壮扁平，肋沟12 ～ 15条或不明显；尾高，基部宽厚，向后逐渐侧扁，尾鳍褶高而厚实，尾末端钝圆或钝尖。头部背、腹面均有成对的疣粒，体侧有厚的皮肤褶；四肢后缘均有皮肤褶；前、后肢贴体相对时，指、趾端相距约6条肋沟；指4、趾5，指、趾有缘膜。体背面浅褐色、棕黑色，有深色花斑或无斑；腹面灰棕色。栖息在海拔100 ～ 1 200米（最高达4 200米）的山区水流较为平缓的河流、大型溪流的岩洞和深潭中。成鲵多单栖，幼体喜集群于石滩上。夜行为主。7—9月为繁殖旺季。主要以鱼、虾、蟹、蛙、蛇和水生昆虫为食。雌鲵产卵袋一对，呈念珠状，长达数十米；一般产卵300 ～ 1 500粒。

地理分布 我国分布于珠江、长江和黄河水系的大部分区域。

李成 摄

31. 潮汕蝾螈

学　　名	*Cynops orphicus*
分类地位	有尾目 CAUDATA，蝾螈科 Salamandridae
曾用学名	*Hypselotriton（Pingia）orphicus*，*Hypselotriton（Cynotriton）orphicus*
英 文 名	Dayang Newt
别　　名	无
保护级别	国家二级保护野生动物

物种介绍 成螈全长74毫米，头体长46毫米左右，尾长等于或略长于头体长。头扁平，吻端钝圆；枕部有"Ｖ"形隆起，与体背中央脊棱相连；犁骨齿列呈"Λ"形。躯干圆柱状；尾基部较粗，向后侧扁，尾末端钝尖；背腹鳍褶较平直，后段渐窄。前、后肢贴体相对时，指、趾重叠或互达对方掌、跖部；指4、趾5，第五趾基部具蹼。体背、腹面皮肤有痣粒。体背面黑褐色或黄褐色，色浅者体尾可见黑褐色斑点；体腹面中央橘红色多形成纵带；前、后肢基部腹面和掌、跖部各有1个橘红色斑；肛前部橘红色，后部黑色；尾腹面前4/5左右处为橘红色。生活于海拔640 ~ 1 600米的山区。繁殖期成螈多在静水塘和沼泽地内活动，常栖于水深1米左右、水草较多、腐殖质丰富的水塘内。繁殖期可能在5月中下旬。

地理分布 我国分布于广东（潮州和汕头地区）、福建（德化）。

费梁 摄

32. 大凉螈

学　名	*Liangshantriton taliangensis*
分类地位	有尾目CAUDATA，蝾螈科 Salamandridae
曾用学名	无
英 文 名	Taliang Knobby Newt
别　名	羌活鱼
保护级别	国家二级保护野生动物，CITES 附录 II

物种介绍　个体大，雄性全长186 ～ 220毫米，雌性194 ～ 230毫米。头部扁平，头长略大于头宽；吻端平切而较高，近于方形。尾基部较宽，后段侧扁，尾背鳍褶薄，腹鳍褶厚，尾末端钝尖。体尾褐黑色或黑色，耳后腺部位、指、趾、肛裂周缘至尾下缘为橘红色；体腹面颜色较体背面略浅。栖息于海拔1 390 ～ 3 200米植被丰富、环境潮湿的山间凹地。成体以陆栖为主，5—6月进入静水塘、积水处、洼地、稻田以及缓流溪沟内繁殖。雌性产卵250 ～ 280粒，卵单粒，分散于水生植物间或水底。非繁殖季节为夜行性动物，以昆虫和环节动物为食。

地理分布　我国分布于四川（汉源、冕宁、石棉、美姑、昭觉、峨边、马边、甘洛、越西、布托）。

谢锋 摄

33. 贵州疣螈

学　　名	*Tylototriton kweichowensis*
分类地位	有尾目 CAUDATA，蝾螈科 Salamandridae
曾用学名	无
英 文 名	Redtailed Knobby Newt，Kweichow Crocodile Newt
别　　名	无
保护级别	国家二级保护野生动物，CITES 附录 II

物种介绍　雄性全长155～195毫米，雌性177～210毫米。头侧棱脊明显，无唇褶。颈褶明显，皮肤粗糙，满布大疣粒，体侧瘰粒密集，连续隆起成纵行，不呈圆形瘰粒。头体黑褐色，背脊棱、体背侧和腹侧形成5条棕红色纵纹，耳后腺、指、趾及尾部均为棕红或土黄色。生活于海拔1 500～2 400米长有杂草和矮灌木丛的山区。成体以陆栖为主，5—6月进入静水塘、积水处、洼地以及缓流溪沟内繁殖。雌性产卵70粒左右，卵单粒。以昆虫、软体动物、环节动物和蝌蚪为食。

地理分布　我国分布于云南（大关、彝良、永善）、贵州（威宁、毕节、赫章、水域、金沙、大方、纳雍、织金、安龙）。

石胜超 摄

34. 川南疣螈

学　　名	*Tylototriton pseudoverrucosus*
分类地位	有尾目 CAUDATA，蝾螈科 Salamandridae
曾用学名	无
英 文 名	Chuannan Knobby Newt，Chuannan Crocodile Newt
别　　名	无
保护级别	国家二级保护野生动物，CITES 附录 II

物种介绍 体形修长，较大型，雄螈全长 164.6 毫米，雌螈全长 178.2 毫米左右，其尾长分别为头体长的 128% 和 129% 左右。头长大于头宽；吻端钝，头顶及两侧骨质棱脊明显；犁骨齿列呈 "∧" 形。躯干均匀或后段较宽；尾侧扁，尾鳍褶发达。皮肤粗糙，体侧至尾基部各有一纵列圆形大瘰粒，15 ～ 16 枚，彼此不相连；腹面较光滑。前、后肢贴体相对时，掌、跖部重叠；指 4、趾 5。通体呈棕红色，头顶及躯干凹处区域为黑色或棕黑色。生活于海拔 2 300 ～ 2 800 米的山区，位于次生林带。成螈常活动于静水区域和湿地附近，陆栖为主，捕食小型水生昆虫和软体动物。繁殖期在 6—7 月，常聚集于沼泽地水坑和静水塘中交配、产卵。

地理分布 我国分布于四川（宁南县）。

谢锋 摄

35. 丽色疣螈

学　　名　*Tylototriton pulcherrima*

分类地位　有尾目 CAUDATA，蝾螈科 Salamandridae

曾用学名　*Tylototriton*（*Tylototriton*）*verrucosus pulcherrima*，*Tylototriton*（*Tylototriton*）*pulcherrima*

英文名　Huanglianshan Knobby Newt，Huanglianshan Crocodile Newt

别　　名　无

保护级别　国家二级保护野生动物，CITES 附录 II

物种介绍　体型较小，雄螈全长 125.5 ~ 144.8 毫米，雌螈全长 133.6 ~ 139.4 毫米，其尾长分别为头体长的 106% 和 93% 左右。头顶部有凹陷，吻端平截；头顶及两侧骨棱发达；耳后腺大，与头侧棱脊末端相连；犁骨齿列呈"∧"形。躯干粗壮；尾侧扁，尾鳍褶不发达，末端钝尖或尖。皮肤粗糙，体侧各有一列间断的大瘰粒，约 16 枚；体腹侧有大小疣粒；腹面较光滑，有横缢纹。前、后肢贴体相对时，指、趾重叠；指 4、趾 5，基部均无蹼。生活时底色暗红色，头部骨棱、耳后腺、背脊棱、体侧瘰疣和四肢为鲜黄色或橘黄色。生活于海拔 1 450 ~ 1 550 米的山间沟谷雨林中。成螈以水栖为主，白天隐蔽在林中静水坑或灌木丛下的小沟中；在夜间和下雨时活动频繁，捕食小昆虫、软体动物等。5—6 月为繁殖季。

地理分布　我国分布于云南（金平、绿春）。国外分布于越南。

侯勉 摄

36. 红瘰疣螈

学　　名　*Tylototriton shanjing*

分类地位　有尾目CAUDATA，蝾螈科Salamandridae

曾用学名　*Tylototriton verrucosus*

英 文 名　Red Knobby Newt，Crocodile Newt，Yunnan Newt

别　　名　无

保护级别　国家二级保护野生动物，CITES附录 II

物种介绍　体型中等，雄螈全长136 ～ 150毫米，雌螈全长147 ～ 170毫米，其尾长分别为头体长的90％和89％左右。头长大于宽，吻端钝圆；头背面两侧棱脊明显，中央棱脊细；犁骨齿列呈"∧"形。躯干圆柱状，体背部脊棱宽平；尾基部宽厚、向后侧扁，鳍褶低，尾末端钝圆。全身满布疣粒，体侧有圆瘰粒14 ～ 16枚呈纵列，腹面有横缢纹。前、后肢贴体相对时，指、趾端相遇或略重叠；指4、趾5。通体以棕黑色为主，头部、背部脊棱、体侧瘰粒、尾部、四肢、肛周围均为棕红色。生活于海拔1 000 ～ 2 000米山区林间及稻田附近。成螈营陆栖生活，5—6月进入繁殖场内繁殖，卵分散黏附在水塘岸边草间、石上或湿土上，有的连成串或成片状。幼体在静水内发育生长，一般当年完成变态。

地理分布　我国分布于云南（丽江、大理等）、广西（桂林？）。国外分布于泰国、缅甸北部。

石胜超 摄

37. 棕黑疣螈

Tylototriton verrucosus

分类地位　有尾目 CAUDATA，蝾螈科 Salamandridae

曾用学名　无

英 文 名　Brown-black Crocodle Newt，Red Knobby Newt

别 　 名　无

保护级别　国家二级保护野生动物，CITES 附录 II

物种介绍　头体长 92 ~ 122 毫米，尾长 92 ~ 114 毫米，尾长约与头体长相等。头宽大于头长，吻端圆，头两侧棱脊明显；犁骨齿列呈"∧"形。躯干圆柱状，背脊棱明显；尾基部宽厚，向后逐渐侧扁，背鳍褶起于尾基部、较低，尾末端钝圆。皮肤粗糙，体背面和尾前部满布疣粒，体两侧有圆瘰粒15枚左右呈纵列，腹面疣粒大小一致，有横缢纹。前、后肢贴体相对时，指趾端略重叠或掌、跗部重叠。整个身体呈褐色，有的个体头侧、背部脊棱和瘰粒、四肢和尾部均为浅褐色。生活于海拔 1 500 米左右的亚热带山区。5—6月繁殖，交配时常摆动尾部，无抱握行为；卵产在水中，也可产在陆地上。

地理分布　我国分布于云南。国外分布于印度、尼泊尔东北部、不丹、缅甸北部。

饶定齐 摄

134　国家重点保护水生野生动物

38. 滇南疣螈

学　　名	*Tylototriton yangi*
分类地位	有尾目 CAUDATA，蝾螈科 Salamandridae
曾用学名	*Tylototriton*（*Tylototriton*）*yangi*，*Tylototriton daweishanensis*
英 文 名	Tiannan Knobby Newt，Tiannan Crocodile Newt
别　　名	无
保护级别	国家二级保护野生动物，CITES 附录 II

物种介绍　体型较小，雄螈全长142.3毫米，雌螈全长158.3毫米，其尾长分别为头体长的97.0%和79.0%左右。头宽厚，头顶及两侧骨质棱脊发达；吻端钝；犁骨齿列呈"∧"形。躯干粗壮，背脊棱宽；尾侧扁，尾鳍褶不发达。皮肤粗糙，有大小疣粒，体背两侧至尾基部有16～17枚间隔的大瘰粒呈纵列；腹面较光滑。前、后肢贴体相对时，掌、跖部相重叠或仅第三、四指与趾重叠；指4、趾5，末端钝圆。耳后腺、体侧瘰粒、背脊、指与趾前段、肛部及尾部为鲜橘红色，其他部位为黑色或棕黑色，体侧腋部至胯部、腹面有橘红色斑纹。生活于海拔1200米左右的丘陵地区，栖息地多在农耕地附近。成螈白天隐蔽于静水坑或土壁、灌木丛下的泥洞中；夜间外出活动，捕食小型昆虫、软体动物。繁殖期在5—6月，在林间浸水沟、田间蓄水坑或沼泽地沟渠内繁殖；幼体生活于静水坑内。

地理分布　我国分布于云南。

侯勉 摄

39. 安徽瑶螈

学　名	*Yaotriton anhuiensis*
分类地位	有尾目 CAUDATA，蝾螈科 Salamandridae
曾用学名	*Tylototriton asperrimus*，*Tylototriton wenxianensis*
英文名	Anhui Corocodile Newt
别　名	无
保护级别	国家二级保护野生动物

物种介绍　体型小，该螈雄性体长为119～146毫米，雌性为104～165毫米。头部扁平，头长大于头宽；吻端平截，头侧棱脊明显，自吻端到达枕部；枕部"V"形棱脊比头侧脊棱低平，末端与背正中脊棱相连；犁骨齿列呈"Λ"形。颈褶明显；背脊棱自颈部沿背中线延伸至尾基部，中间较厚。前、后肢贴体相对时，趾、指末端能重叠；指4、趾5，无缘膜和角质鞘。尾侧扁，尾末端钝，背鳍褶厚而高，起始于尾基部；腹鳍褶厚而窄，起始于泄殖腔后缘。皮肤极粗糙，周身布满疣粒和瘰粒；体侧瘰粒较大，紧密排列，在肩部和尾基部间形成两纵列；腹面的疣粒较为扁平。通体黑色或黑褐色，腹部颜色略浅，仅趾与指末端、泄殖腔皮肤和尾下缘皮肤为橘红色。生活在海拔1 000～1 200米的山区。成螈以陆栖生活为主。4—5月繁殖。

地理分布　我国分布于安徽（岳西、大别山区南部）。

张保卫 摄

40. 细痣瑶螈

学　名　*Yaotriton asperrimus*

分类地位　有尾目 CAUDATA，蝾螈科 Salamandridae

曾用学名　*Tylototriton asperrimus*，*Echinotriton asperrimus*

英 文 名　Black Knobby Newt

别　名　细痣棘螈

保护级别　国家二级保护野生动物

物种介绍　雄性全长118～138毫米，雌性149～202毫米。头宽略大于头长，头侧棱脊明显向内弯曲；吻端平切近方形，无唇褶，颈褶明显。皮肤粗糙具瘰疣，体两侧各有一纵行圆形瘰粒（13～16枚），腹面有细密横缢纹。尾长短于头体长，鳍褶低弱。头体褐黑色或棕褐色，指与趾端、肛孔外缘及尾下缘为橘红色。生活于海拔1 320～1 400米的山间凹地及其附近的静水塘。成螈营陆栖生活，非繁殖期多栖息于静水塘附近潮湿的腐叶中或树根下的土洞内，夜晚捕食各种昆虫、蚯蚓、蛞蝓等小动物。繁殖季节在5月，成螈到水塘的岸边落叶层下产卵，身体弯曲成"S"形，卵群成堆，有卵30～52粒。幼体在静水塘内生活，当年完成变态。

地理分布　我国分布于广西（那坡、龙胜、环江、金秀、忻城、北流、玉林）。国外分布于越南北部。

莫运明 摄

41. 宽脊瑶螈

学　　名　*Yaotriton broadoridgus*

分类地位　有尾目 CAUDATA，蝾螈科 Salamandridae

曾用学名　*Tylototriton aperrimus*，*Tylototriton wenxianensis*，*Tylotortriton broadorigus*

英 文 名　Sangzhi Knobby Newt

别　　名　无

保护级别　国家二级保护野生动物

物种介绍　体型较小，雄螈全长110～140毫米，雌螈全长138～163毫米，其尾长分别为头体长的90%和78%左右。头部扁平，吻端平截；头侧棱脊明显，头顶部有一"Ｖ"形棱脊；犁骨齿列呈"∧"形。躯干圆柱状，背脊棱宽；尾弱而侧扁，背鳍褶较高而薄，腹鳍褶窄而厚；尾末端钝尖。皮肤粗糙，周身满布疣粒；体侧大瘰粒呈纵列，瘰粒间分界不清；体腹面疣粒显著，不成横缢纹状。前、后肢贴体相对时，指趾端相遇或略重叠；内掌突比外掌突突出；指4、趾5。体尾背面为黑褐色，仅指、趾、掌突、跖突以及尾部下缘为橘红色。生活于海拔1 000～1 600米的山区，成螈以陆栖为主。5月初成螈到静水塘边繁殖，卵群隐蔽在陆地枯叶下。

地理分布　我国分布于湖北（五峰）、湖南（桑植）。

李成 摄

42. 大别瑶螈

学　　名	*Yaotriton dabienicus*
分类地位	有尾目CAUDATA，蝾螈科 Salamandridae
曾用学名	*Tylototriton wenxianensis*，*Tylototriton dabienicus*
英 文 名	Dabie Knobby Newt
别　　名	无
保护级别	国家二级保护野生动物

物种介绍　雌螈全长145.4毫米，头体长76.1毫米。头扁平，头长远大于头宽，吻端平截；头侧棱脊甚明显，头顶部有一"Ⅴ"形棱脊与背正中脊棱连续至尾基部；犁骨齿列呈"∧"形。躯干略扁；尾弱而侧扁，背鳍褶较高而薄，腹鳍褶窄而厚，尾末端钝尖。皮肤极粗糙，周身满布疣粒；体侧大疣粒群彼此分界不清，几乎形成纵带；腹面疣粒显著，有横缢纹。前、后肢贴体相对时，指、趾端仅相遇或不相遇；内掌突比外掌突突出；指4、趾5。通体黑褐色，仅指、趾、掌突、跖突以及泄殖腔孔边缘和尾下缘为橘红色。生活于海拔750米左右的山区，栖息环境阴湿、水源丰富、植被茂盛，地面腐殖质丰厚，其上有枯枝落叶和沙石。成螈以陆栖为主，繁殖季节在4—5月，繁殖期到水塘边陆地上产卵。

地理分布　我国分布于河南（商城）、安徽（岳西）、湖北（黄梅）。

陈晓虹 摄

43. 海南瑶螈

学　　名　*Yaotriton hainanensis*

分类地位　有尾目 CAUDATA，蝾螈科 Salamandridae

曾用学名　*Tylototriton asperrimus*，*Tylototriton hainanensis*

英 文 名　Hainan Knobby Newt

别　　名　无

保护级别　国家二级保护野生动物

物种介绍　体型较小，雄螈全长137 ~ 148毫米，雌螈全长125 ~ 140毫米，其尾长分别为头体长的87%和76%左右。头部宽大而扁平，吻端平截，头侧棱脊明显，头顶"∨"形棱脊与背部脊棱相连，颈褶明显；犁骨齿列呈"∧"形。躯干略扁；尾基部较宽而后侧扁，背鳍褶较高而平直，腹鳍褶低而厚，尾末端钝圆。皮肤粗糙，满布疣粒，体侧有14 ~ 16枚分界明显的圆形瘰粒呈纵列。前、后肢贴体相对时，指、趾端相遇或略重叠；指4、趾5。通体褐色，仅指、趾、肛周缘及尾下缘为橘红色。生活于海拔770 ~ 950米山区的热带雨林中。繁殖期在5月左右，卵产在山间凹地水塘岸边的潮湿叶片下，卵粒成堆，每堆有卵58 ~ 90粒。幼体孵化后被雨水冲刷或弹跳到水塘中生活。

地理分布　我国分布于海南（琼中、陵水、白沙、乐东）。

张豪 摄

44. 浏阳瑶螈

学　　名　*Yaotriton liuyangensis*
分类地位　有尾目 CAUDATA，蝾螈科 Salamandridae
曾用学名　*Tylototriton liuyangensis*
英 文 名　Liuyang Knobby Newt
别　　名　无
保护级别　国家二级保护野生动物
物种介绍　雄螈全长110.1 ～ 146.5毫米，雌螈138.6 ～ 154.2毫米。头扁平，顶部有凹陷，头长约等于头宽；吻短窄而平截；头两侧有明显的骨质棱脊；鼻孔位于近吻端两侧；枕部"V"形棱脊不明显；唇褶光滑，不明显；上下颌具细齿；犁骨齿列呈"∧"形。尾侧扁，尾基部较厚，向后逐渐侧扁；尾鳍褶不发达；雄螈泄殖腔部丘状隆起较低且宽，肛孔纵裂较长，内壁前端有一锥状小乳突；雌螈呈丘状隆起，肛裂短或略呈圆形，内壁无乳突。生活在海拔1 380米左右的山区沼泽地附近，成体主要为陆栖，5—6月在沼泽中繁殖。

地理分布　我国分布于湖南（浏阳）。

杨道德 摄

45. 莽山瑶螈

学　　名	*Yaotriton lizhenchangi*
分类地位	有尾目 CAUDATA，蝾螈科 Salamandridae
曾用学名	*Tylototriton lizhenchangi*
英 文 名	Mangshan Crocodile Newt
别　　名	无
保护级别	国家二级保护野生动物

物种介绍 体型中等，雄螈全长145.6～173.0毫米，雌螈150.0～156.5毫米，其尾长分别为头体长的113.0%和101.0%左右。头长大于头宽，吻端钝，两侧骨质棱脊明显；犁骨齿列呈"∧"形。躯干硕壮；尾基部较厚，向后逐渐侧扁，尾中段比前后段略高，尾鳍褶不发达，尾末端钝尖。皮肤较粗糙，满布细小瘰疣；体侧有12～15枚瘰粒，彼此相间或相连呈纵列；腹面较光滑，有横缢纹。前、后肢贴体相对时，掌、跖部重叠或指、趾重叠；指4、趾5。通体黑色，仅耳后腺后部、指与趾前段、肛部及尾下缘呈橘红色，掌、跖部有橘红色斑点。生活于海拔952～1 200米的山区，栖息于喀斯特地貌、植被茂密的区域。成螈白天隐于地洞（沟）内，夜间见于水坑、水井或流溪缓流中，捕食小型水生昆虫、虾和软体动物。繁殖期在5—6月，在缓流水、路边或沼泽地浸水坑岸边交配、产卵。

地理分布 我国分布于湖南（宜章莽山）。

陈军 摄

46. 文县瑶螈

学 名	*Yaotriton wenxianensis*
分类地位	有尾目 CAUDATA，蝾螈科 Salamandridae
曾用学名	*Tylototriton asperrimus*，*Tylototriton asperrimus wenxianensis*
英 文 名	Wenxian Knobby Newt
别 名	无
保护级别	国家二级保护野生动物

物种介绍 体型较小，雄螈全长126～133毫米，雌螈全长105～140毫米，其尾长分别为头体长的87％和76％左右。头部扁平，吻端平截；头侧棱脊甚明显，头顶部有一"∨"形棱脊与背正中脊棱相连；犁骨齿列呈"∧"形。躯干略扁；尾侧扁；背鳍褶较高而薄，起始于尾基部，腹鳍褶窄而厚，尾末端钝尖。皮肤粗糙，周身满布疣粒；体两侧大瘰粒彼此分界不清，呈纵带；体腹面疣粒显著，横缢纹不明显。前、后肢贴体相对时，指、趾端相遇或略重叠；内掌突比外掌突突出；指4、趾5。通体黑褐色，仅指、趾、掌突、跖突以及尾部下缘为橘红色。生活于海拔940米左右的林木繁茂的山区，以陆栖为主，在陆地上冬眠。5月左右成螈到静水塘内活动和繁殖。

地理分布 我国分布于甘肃（文县）、四川（青川、旺苍、剑阁、平武）、重庆（云阳、万州、奉节）、贵州（大方、绥阳、遵义、雷山）。

谢锋 摄

47. 蔡氏瑶螈

学　　名	*Yaotriton ziegleri*
分类地位	有尾目CAUDATA，蝾螈科Salamandridae
曾用学名	*Tylototriton ziegleri*
英 文 名	Ziegler's Knobby Newt
别　　名	无
保护级别	国家二级保护野生动物

物种介绍 体型中等，雄性头体长54.4 ～ 68.3毫米，雌性70.8毫米；皮肤粗糙，有微小颗粒；头部有明显的骨质突起；脊椎嵴突起且存在分隔，形成一列结节；肋骨结节显著；手臂瘦长；前、后肢贴体时，端部高度重合；尾部弱；背部整体棕黑色或黑色；肋骨结节，指和趾末端、脚掌、跖、从肛门一直延伸到尾腹端都有明显的亮橙色。生活于海拔1 300米左右的山区。成体以陆栖为主，繁殖季节4—5月。雌性在池塘周围产卵，形成卵团，离池塘边缘50 ～ 60厘米，没有成体护卵。幼体在刚出壳时在雨季会爬向池塘，在5月变态。

地理分布 我国分布于云南（文山）、广东（信宜、茂名）。国外分布于越南。

李慧明 摄

48. 镇海棘螈

学　　名　*Echinotriton chinhaiensis*

分类地位　有尾目CAUDATA，蝾螈科Salamandridae

曾用学名　*Tylototriton chinhaiensis*

英 文 名　Chinhai Salamander，Chinhai Spiny Newt

别　　名　镇海疣螈

保护级别　国家一级保护野生动物，CITES附录Ⅱ

物种介绍　体型较小，雄螈全长109～139毫米，雌螈124～151毫米。体扁平，体侧有由疣粒堆积而成的瘰粒，12～15个，排列成行。体色以黑色或棕色为主，仅口角处突起、指和趾端、尾腹鳍褶为橘黄色。雄螈肛孔较长，内壁前部有乳突。体背面脊棱与体侧瘰疣间无另一行瘰粒。生活于海拔100～200米的丘陵温带山区。成螈营陆栖生活，白天多栖息在植被茂密、腐殖质多的土穴内、石块下或石缝间；夜间行动迟缓，觅食螺类、马陆、步行虫、蜈蚣、蚯蚓等。11月下旬冬眠，3月出蛰配对。交配行为在陆地上进行，卵产在水塘边潮湿的泥土上，卵粒成群并被落叶覆盖。雌螈产卵72～92粒。胚胎孵化时间为20～29天，孵化幼体以弹跳方式或被雨水冲击进入水塘内生活。孵化到变态需80～90天。

地理分布　我国分布于浙江（宁波）。

谢锋 摄

49．琉球棘螈

学　　名	*Echinotriton andersoni*
分类地位	有尾目CAUDATA，蝾螈科Salamandridae
曾用学名	*Tylototriton andersoni*
英 文 名	Anderson's Newt，Anderson's Crocodile Newt，Ryukyu Spiny Newt，Japanese Warty Newt，Anderson's Salamander
别　　名	无
保护级别	国家二级保护野生动物
物种介绍	体型中等，成螈全长130～190毫米，尾长短于头体长。头长和头宽几相等，口角后方有一个三角形突起；犁骨齿列呈"∧"形；头侧棱脊不发达，枕部"∨"形棱脊明显。体宽扁，背部中央脊棱显著；尾侧扁，末端钝尖。体两侧各有瘰粒2～3纵行，外侧1行有瘰粒13～17枚，肋骨末端可穿过瘰粒到体外。前、后肢贴体相对时，指、趾重叠；指4、趾5。体尾背面黑褐色，仅口角处突起、背部脊棱和瘰疣为橘黄色，掌、跖、指、趾腹面和肛周围以及尾下缘均为橘黄色。生活于100～200米的山区森林内的阴湿地带，多隐匿在落叶层中或石块下，阴雨天、夜间外出活动。2—6月为繁殖期，繁殖盛期在3月中旬至4月初。卵产在邻近水塘的腐殖质土壤或腐叶上。卵单粒，卵群成堆，常被落叶所遮盖。
地理分布	我国分布于台湾（观音山）。国外分布于日本。

谢锋 摄

50. 高山棘螈

学　　名	*Echinotriton maxiquadratus*
分类地位	有尾目CAUDATA，蝾螈科Salamandridae
曾用学名	无
英 文 名	Mountain Spiny Crocodile Newt
别　　名	无
保护级别	国家二级保护野生动物，CITES附录Ⅱ

物种介绍　体型较小，雄性全长129.47毫米。头宽大于头长；吻短，吻端平截；头侧骨质棱明显；头顶后方有"V"形棱脊，与背中央脊棱相接；颈褶明显。躯干扁平，中央脊棱平扁但明显；尾侧扁，尾背较腹部更粗厚，尾背鳍褶沿着背中央脊后缘分布，腹鳍褶不明显。体背和侧部富有腺质锥状的不规则疣粒；腹部布满较大的圆形小瘤，并具横缢纹；头侧具腺状气孔。体表大部分为黑色，侧部多数疣粒顶部呈浅灰黄色；方骨端，指、趾端，腕跗骨端，泄殖腔和尾腹部呈淡橘红色。生活于亚热带靠近山顶的退化的次生灌木林，周围具有较高的草丛和杜鹃花，湿地和静水塘散布在其中；环境的湿度较大，大部分时间具有雾气。成螈白天隐居于石块或植物的根部。

地理分布　我国分布于广东（梅州）。

王聿凡 摄

51. 橙脊瘰螈

学　　名	*Paramesotriton aurantius*
分类地位	有尾目CAUDATA，蝾螈科Salamandridae
曾用学名	无
英 文 名	无
别　　名	无
保护级别	国家二级保护野生动物，CITES附录II

物种介绍 体型较小，雄螈全长109 ~ 152毫米，雌螈全长130 ~ 153毫米。枕部的"V"形隆起较明显，后角与体背脊棱相连，向后延伸达尾基部；头腹面皮肤较为光滑，咽喉部皮肤较为粗糙，有扁平小疣；体腹面两侧疣粒较腹面多，腹面及尾侧有横的细沟纹。头体背面及体侧满布大小分散的瘰粒，体背侧的较大而密，从肩部上方沿体侧至尾基部形成两条纵行。背面和尾侧为黑褐色或棕褐色，腹面色较浅；体背有一条橘红色脊纹；体侧及腹面有不规则橘红色、黄色斑点和斑块；肛后沿尾腹鳍褶至尾前半段有一橘红色条纹，有的被深色斑所中断；指、趾基部有黄色斑点。雄螈泄殖腔孔显著隆起，肛裂为1纵缝，内侧有指状乳突，尾较宽短；雌螈泄殖腔孔隆起小，尾较细长。栖息于海拔830米左右的山间流水较缓的溪流中，溪水较浅，水中常有沙石、落叶等；也可见于路边的沟渠中。

地理分布 我国分布于福建（柘荣、罗源、莆田）、浙江（丽水）。

袁智勇 摄

52. 尾斑瘰螈

学　名	*Paramesotriton caudopunctatus*
分类地位	有尾目CAUDATA，蝾螈科Salamandridae
曾用学名	*Trituroides caudopunctatus*，*Allomesotriton caudopunctatus*，*Paramesotriton（Allomesotriton）caudopunctatus*
英文名	Spot-tailed Warty Newt
别　名	无
保护级别	国家二级保护野生动物，CITES附录II
物种介绍	雄螈全长122～146毫米，雌螈全长131～154毫米，尾长分别为头体长的88%和91%左右。头前窄后宽，吻端平截，唇褶发达，颈褶明显，头侧有腺质棱脊；犁骨齿列呈"∧"形。躯干圆柱状；尾基部粗壮，向后侧扁，尾鳍褶薄而平直，末端钝圆。背中央及两侧有3纵行密集的橘黄色瘰疣，呈纵带纹状，其间满布痣粒；腹中部皮肤较光滑。前、后肢贴体相对时，指、趾末端互达掌跖部；指4、趾5，宽扁而具缘膜。体尾橄榄绿色，尾下部色浅，有黑斑点。生活于海拔800～1800米的山溪及小河边回水凼或溪边静水塘。成螈常栖于溪底石上或岸边，多以水生昆虫及其幼虫、虾、蛙卵和蝌蚪等为食。4—6月繁殖。
地理分布	我国分布于贵州（雷山）、湖南（江永、道县）、广西（富川）。

李成 摄

53. 中国瘰螈

学　名	*Paramesotriton chinensis*
分类地位	有尾目CAUDATA，蝾螈科Salamandridae
曾用学名	*Cynops chinensis*，*Triton chinensis*，*Triturus sinensis*，*Triton* (*Cynops*) *chinensis*，*Trituroides chinensis*，*Triturus sinensis boringi*，*Paramesotriton chinensis chinensis*
英文名	Chinese Warty Newt
别　名	无
保护级别	国家二级保护野生动物，CITES附录II
物种介绍	雄螈全长126～141毫米，雌螈全长133～151毫米，尾长分别为头体长的85%和97%左右。头长大于宽，吻端平截；犁骨齿列呈"∧"形。躯干圆柱状，尾基较粗向后侧扁，末端钝圆。头体背面满布大小瘰疣，头侧有腺质棱脊，枕部有"∨"形棱脊与体背正中脊棱相连，体背侧疣大而密排成纵行；体腹面有横缢纹。前、后肢贴体相对时，指、趾或掌、跖部相互重叠；指4、趾5，略平扁，无缘膜和蹼。全身褐黑色或黄褐色，背部脊棱和体侧疣粒棕红色，有的体侧和四肢上有黄色圆斑；体腹面有橘黄色斑。生活于海拔200～1 200米的丘陵山区的流溪中，溪内有小石和泥沙。成螈白天隐蔽在水底石间或腐叶下，阴雨天气常在草丛中捕食昆虫、蚯蚓、螺类以及其他小动物。水下越冬，5—6月繁殖。
地理分布	我国分布于安徽、浙江（东南部）、福建。

江建平 摄

54. 越南瘰螈

学　　名　*Parameostriton deloustali*

分类地位　有尾目 CAUDATA，蝾螈科 Salamandridae

曾用学名　*Mesotriton deloustali*，*Pachytriton deloustali*，*Paramesotriton*（*Paramesotriton*）*deloustali*

英 文 名　Vietnam Warty Newt

别　　名　无

保护级别　国家二级保护野生动物，CITES 附录 II

物种介绍　个体大，雄性体长 160～170 毫米，雌性 180～200 毫米，尾长略短于头体长。头大，头长略大于头宽，吻钝而宽；骨质棱脊自吻端沿头侧到耳后腺。躯干强壮，背中脊棱起始于头后侧，两列背侧瘰疣达尾前部；尾鳍高，尾端圆或钝圆。雄性尾长略短于雌性；繁殖季节雄性泄殖腔隆起，并在尾部具有不规则的亮紫色条带。皮肤粗糙，咽喉部和腹部呈亮橘红色并具典型的黑色网纹。生活在 200～1 300 米的低山常绿阔叶林小型或中型溪流以及一些小型池塘或人工湿地中。主要为夜行性，繁殖季节为 11 月。

地理分布　我国分布于云南（河口）。国外分布于越南北部。

任金龙 摄

55. 富钟瘰螈

学　　名	*Paramesotriton fuzhongensis*
分类地位	有尾目 CAUDATA，蝾螈科 Salamandridae
曾用学名	无
英 文 名	Fuzhong Warty Newt
别　　名	无
保护级别	国家二级保护野生动物，CITES 附录 II

物种介绍　雄螈全长 133.0 ～ 166.0 毫米，雌螈全长 134.0 ～ 159.0 毫米，其尾长分别为头体长的 84.1% 和 99.6% 左右。头长大于头宽，头侧有腺质棱脊；犁骨齿列呈"∧"形。躯干粗壮，背部中央脊棱很明显；尾基部粗壮，向后渐侧扁而薄，末端钝圆。体、尾背面及侧面皮肤粗糙，满布密集瘰疣；体侧疣粒大，排列成纵行且延至尾的前半部；咽喉部有颗粒疣，体腹面光滑。前、后肢贴体相对时，掌、跖部彼此重叠；指 4、趾 5，较宽扁而无蹼，末端钝圆。体、尾褐色，头体腹面有橘红色斑；尾腹缘为橘红色。生活于海拔 400 ～ 500 米的阔叶林山区流溪内，多栖于水流平缓处、溪底石块下，有时在岸上活动。

地理分布　我国分布于湖南（道县、江永）、广西（富川、钟山、贺州）。

费梁 摄

56. 广西瘰螈

学　　名	*Paramesotriton guangxiensis*
分类地位	有尾目CAUDATA，蝾螈科 Salamandridae
曾用学名	无
英 文 名	Guangxi Warty Newt，Guangxi Salamander
别　　名	无
保护级别	国家二级保护野生动物，CITES附录Ⅱ

物种介绍　雄螈全长125 ~ 140毫米，雌螈全长134毫米左右，其尾长分别为头体长的82%和89%左右。头长大于宽，吻端平截，头侧有腺质棱脊；犁骨齿列呈"Λ"形。躯干粗壮，背部中央脊棱明显，连接枕部"Ｖ"形隆起；尾基部粗，向后渐侧扁，尾末端钝圆。身体满布疣粒，体两侧疣粒大而呈纵行延至尾的前半部；咽胸部和腹部有扁平疣。前、后肢贴体相对时，指、趾端彼此相触；指4、趾5，均无缘膜，无蹼。通体黑褐色，腹面有不规则的橘红色斑；尾腹缘后1/4不是橘红色。生活于海拔470 ~ 500米的山区流溪内，成螈多栖于水流平缓、溪底多石块和泥沙、两岸灌木和杂草茂密的流溪内。夜行性为主。雨后常见于溪边50 ~ 100厘米处，以水生昆虫等小动物为食。

地理分布　我国分布于广西（宁明、崇左、防城）。国外分布于越南。

谢锋 摄

57. 香港瘰螈

学　名 *Paramesotriton hongkongensis*

分类地位 有尾目CAUDATA，蝾螈科Salamandridae

曾用学名 *Trituroides hongkongensis*，*Paramesotriton chinensis hongkongensis*，*Paramesotriton（Paramesotriton）hongkongensis*

英文名 Hong Kong Warty Newt

别　名 无

保护级别 国家二级保护野生动物，CITES附录Ⅱ

物种介绍 雄螈全长104～127毫米，雌螈全长118～150毫米，其尾长分别为头体长的73%和89%左右。头长大于宽，唇褶明显，头侧有腺质棱脊；犁骨齿列呈"∧"形。躯干圆柱状，背部脊棱明显，连于枕部"∨"形隆起；尾肌弱，尾鳍褶薄，尾末端钝圆。头体背腹面有小疣，体两侧疣粒较大，形成纵棱；咽喉部有扁平疣。前、后肢贴体相对时，指、趾或掌、跖部相重叠；指4、趾5，指、趾细长略扁，无缘膜和蹼。全身褐色或褐黑色；体腹面有橘红色圆形斑；尾下缘前2/3左右为橘红色。生活于海拔270～940米的山区流溪中。白天多隐蔽，夜间出外活动，捕食昆虫、蚯蚓、蝌蚪、虾、鱼和螺类等小动物。繁殖期为9月至翌年2月。

地理分布 我国分布于广东（深圳）、香港。

袁智勇 摄

58.无斑瘰螈

学　　名　*Paramesotriton labiatus*

分类地位　有尾目 CAUDATA，蝾螈科 Salamandridae

曾用学名　*Molge labiatum*，*Pachytriton brevipes labiatus*，*Pachytriton labiatus*，*Pachytriton labiatus*，*Paramesotriton ermizhaoi*，*Paramesotriton labiatus*，*Paramesotriton*（*Paramesotriton*）*labiatus*

英 文 名　Spotless Smooth Warty Newt，Unterstein's Newt

别　　名　无

保护级别　国家二级保护野生动物，CITES 附录 II

物种介绍　体型小，雄螈全长 92.2 ～ 153.0 毫米，雌螈全长 94.0 ～ 169.4 毫米，其尾长分别为头体长的 89.3% 和 92.9% 左右。头长大于头宽，吻端平截，唇褶较明显，头侧无腺质棱脊；犁骨齿列呈"∧"形。躯干圆柱状；背脊棱细，连于枕部"Ⅴ"形脊；尾基较粗，向后侧扁；后部背鳍褶明显，末端钝圆。头体背面皮肤较光滑。前、后肢贴体相对时，指、趾多不相遇；指 4、趾 5，略平扁，均无缘膜，指、趾间无蹼。体背面橄榄褐色；体腹面浅褐色，有不规则的橘红色斑；尾下缘呈橘红色。生活于海拔 880 ～ 1 300 米山区的流溪中，两岸植被繁茂，溪流内水凼甚多，溪内多有砾石、泥沙和大小石头。成螈白天隐蔽在水底石下。溪内石块间有小鱼、水生无脊椎动物等小型动物。

地理分布　我国分布于广西（金秀、龙胜）。

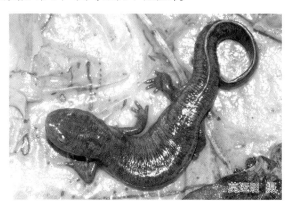

莫运明 摄

59. 龙里瘰螈

学　　名 *Paramesotriton longliensis*

分类地位 有尾目 CAUDATA，蝾螈科 Salamandridae

曾用学名 *Paramesotriton*（*Paramesotriton*）*longliensis*，*Paramesotriton*（*Allomesotriton*）*longliensis*，*Paramesotriton*（*Karstotriton*）*longliensis*

英 文 名 Longli Warty Newt

别　　名 无

保护级别 国家二级保护野生动物，CITES附录Ⅱ

物种介绍 雄螈全长102～131毫米，雌螈全长105～140毫米，尾长分别为头体长的70％和80％左右。头长明显大于头宽；吻端平截，突出于下唇；唇褶甚明显；犁骨齿列呈"∧"形；成体头部后端两侧各有一个大的突起。躯干圆柱状，背脊棱隆起高，尾基部圆柱状，向后逐渐侧扁，尾鳍褶较薄而平直，尾末端钝尖。体表满布疣粒，两侧疣粒较大而密，腹面疣较少。前、后肢贴体相对时，指、趾彼此重叠；指4、趾5，末端有黑色角质层。体尾淡黑褐色，体背两侧疣呈黄色纵带纹或无；头体腹面有不规则橘红色斑；尾下橘红色在尾后部逐渐消失。生活于海拔1 100～1 200米山区水流平缓的水凼或泉水凼内。成螈白天常隐伏其中，很少活动；夜间外出觅食蚯蚓、蝌蚪、虾、鱼和螺类等小动物。繁殖期为4月中旬至6月中旬。

地理分布 我国分布于贵州（龙里）。

熊荣川 摄

60. 茂兰瘰螈

学　　名	*Paramesotriton maolanensis*
分类地位	有尾目 CAUDATA，蝾螈科 Salamandridae
曾用学名	*Paramesotriton（Karstotriton）maolanensis*
英 文 名	Maolan Warty Newt
别　　名	无
保护级别	国家二级保护野生动物，CITES 附录 II

物种介绍　体型大，雄螈全长177.4 ～ 192.0毫米，雌螈全长197.4 ～ 207.8毫米。头长明显大于头宽；吻短，吻端平截，吻棱明显，唇褶发达；犁骨齿列呈"∧"形。无肋沟；背脊棱明显；前肢贴体前伸时，指端达到吻端；前、后肢贴体相对时，互达掌、蹠部；指、趾端具角质膜，无缘膜和蹼。身体呈黑褐色；背脊棱为不连续的黄色纵纹；喉部腹面和体腹面色较背部浅，具不规则的大型橘红色斑和黄色小型斑；掌、蹠部为灰白色。雄螈泄殖腔孔显著隆起，肛裂为1纵缝，长6 ～ 7毫米，内壁有指状乳突；雌螈泄殖腔孔隆起小，肛裂小，椭圆形，呈圆锥状，其内壁无指状乳突。分布于海拔800米左右的低山区，生活于水流平缓的大水塘或有地下水流出的水塘中，栖息在洞穴内或水塘底部，较难发现，有洪水时会跳出水面。

地理分布　我国分布于贵州（荔波）。

熊荣川 摄

61. 七溪岭瘰螈

学 名	*Paramesotriton qixilingensis*
分类地位	有尾目CAUDATA，蝾螈科Salamandridae
曾用学名	无
英 文 名	Qixiling Warty Newt
别 名	无
保护级别	国家二级保护野生动物，CITES附录II

物种介绍 雄螈全长139.86 ～ 140.76毫米，雌螈全长138.90 ～ 155.10毫米。头侧无腺质棱脊，枕部有"V"形脊，与隆起的细背脊棱相连；躯干圆柱状，尾基较粗向后侧扁，末端钝圆。前、后肢贴体相对时，指、趾掌部可叠；指4、趾5，略平扁，均无缘膜，指、趾间无蹼。头体背面及体侧皮肤、尾前1/3部、前肢背面明显粗糙，散布大小瘰疣。成螈生活于深山较为宽阔、平缓的小溪中，溪水清澈见底，山区覆盖阔叶林，小溪边多为灌木林。小溪宽3 ～ 5米，溪底覆盖小沙粒或小石粒。溪中鱼类和无脊椎动物虾、螺类等较为丰富。成螈白天可见于溪底。繁殖季节可能为7—9月。

地理分布 我国分布于江西（吉安市永新县）。

袁智勇 摄

62. 武陵瘰螈

<table>
<tr><td>学　　名</td><td>Paramesotriton wulingensis</td></tr>
<tr><td>分类地位</td><td>有尾目CAUDATA，蝾螈科Salamandridae</td></tr>
<tr><td>曾用学名</td><td>Paramesotriton caudopunctatus，Paramesotriton（Paramesotriton）wulingensis</td></tr>
<tr><td>英 文 名</td><td>Wuling Warty Newt</td></tr>
<tr><td>别　　名</td><td>无</td></tr>
<tr><td>保护级别</td><td>国家二级保护野生动物</td></tr>
</table>

物种介绍　雄螈全长124 ～ 139毫米，雌螈全长113 ～ 137毫米。头长大于头宽，体背脊棱隆起明显；体背到尾部和四肢背面均散有大小不一的痣粒。体背面呈淡黑褐色，体背脊两侧痣粒呈橘色或黑褐色；咽喉部和身体腹面呈黑色并缀以不规则的橘红色或橘黄色的点状斑或条形斑；腹中线有1条橘黄色纵带；前、后肢基部均有橘红色圆形斑点。生活在海拔800 ～ 1 200米的低山阔叶林小型流溪中，喜爱水流平缓的回水塘或溪边静水域。白天常隐伏在溪底，有时摆动尾部游泳至水面呼吸空气。在夜间活动觅食。

地理分布　我国分布于重庆（酉阳）、贵州（江口、梵净山）。

熊荣川 摄

63. 云雾疣螈

学　名	*Paramesotriton yunwuensis*
分类地位	有尾目CAUDATA，蝾螈科Salamandridae
曾用学名	*Paramesotriton（Paramesotriton）yunwuensis*
英文名	Yunwu Warty Newt
别　名	无
保护级别	国家二级保护野生动物；CITES附录 II

物种介绍　体型肥大，雄螈全长165.1～186.0毫米，雌螈全长145.0～161.0毫米，其尾长分别为头体长的83.4％和87.3％左右。头部大而宽，头长大于头宽；吻端平截，唇褶甚发达；头侧有腺质棱脊略隆起，枕部"Ｖ"形隆起不明显。犁骨齿列呈"Λ"形。躯干浑圆而粗壮，背部中央脊棱较低平；尾基部粗，向后渐侧扁，后半段鳍褶明显，尾末端钝圆。皮肤较粗糙，满布瘰疣，体侧者较大呈纵行延至尾前部。前、后肢贴体相对时，指、趾端彼此仅相触；指4、趾5。背面红褐色，腹面有橘红色大斑块，具褐黑色边；尾腹缘为橘红色。成螈栖息于海拔在525米左右山区溪流的大小水凼内。水凼底层覆盖小石头和粗砾，水凼岸壁多为花岗岩。溪水流动缓慢，水温低。流溪周围阔叶树茂密，流溪上空未被树冠覆盖。

地理分布　我国分布于广东（罗定）。

吴耘珂 摄

64. 织金瘰螈

学　　名	*Paramesotriton zhijinensis*
分类地位	有尾目CAUDATA，蝾螈科Salamandridae
曾用学名	*Paramesotriton*（*Paramesotriton*）*zhijinensis*，*Paramesotriton* （*Allomesotriton*）*zhijinensis*，*Paramesotriton*（*Karstotriton*）*zhiinensis*
英 文 名	Zhijin Warty Newt
别　　名	无
保护级别	国家二级保护野生动物；CITES附录II
物种介绍	雄螈全长103～127毫米，头体长102～125毫米，其尾长分别为头体长的82%和87%左右。头长明显大于头宽；吻端平截，唇褶很明显；头部后端两侧各有3条鳃迹；犁骨齿列呈"∧"形。躯干圆柱状或略扁，背中央脊棱明显；尾基部圆柱状，向后逐渐侧扁，鳍褶薄而几乎平直，尾末端钝圆。皮肤较粗糙，满布疣粒和痣粒，体腹面疣较少。前、后肢贴体相对时，指、趾彼此重叠；指4、趾5，无缘膜、无蹼。全身为褐色，体尾两侧各有一条明显的棕黄色纵纹，体腹面有橘红色斑，前、后肢基部各有一个橘红色小圆斑。生活在海拔1 300～1 400米水流平缓的山溪或有地下水流出的水塘中，水质清澈，基质多为石块、泥沙和水草。繁殖季节为4—6月。
地理分布	我国分布于贵州（织金）。

熊荣川 摄

65. 虎纹蛙

学　　名 *Hoplobatrachus chinensis*

分类地位 无尾目 ANURA，叉舌蛙科 Dicroglossidae

曾用学名 *Hoplobatrachus rugulosus*，*Rana rugulosus*，*Hoplobatrachus tigerinus*

英 文 名 Tiger Frog

别　　名 中国牛蛙

保护级别 国家二级保护野生动物（仅限野外种群）

物种介绍 体大，雄性体长80毫米左右，雌性100毫米左右。吻端钝尖，下颌前缘有两个齿状骨突。背面皮肤粗糙，背面有长短不一且断续排列成纵行的肤棱。指、趾末端钝尖，趾间全蹼。背面黄色或灰棕色，散有不规则的深色花斑；四肢横纹明显。生活于海拔20～1 120米的山区、平原、丘陵地带的稻田、鱼塘、水坑和沟渠内。白天隐匿于水域岸边的洞穴内，夜间外出活动，跳跃能力很强。成蛙捕食各种昆虫，也捕食蝌蚪、小蛙及小鱼等。雄性鸣声如犬吠。繁殖期3—8月，雌性产卵每年2次以上。卵单粒至数十粒粘连成片，漂浮于水面。蝌蚪栖息于水塘底部。

地理分布 我国分布于河南、陕西、安徽、江苏、上海、浙江、江西、湖南、福建、台湾、四川、云南、贵州、湖北、广东、香港、澳门、海南、广西。国外分布在老挝、马来西亚、泰国、缅甸、越南、柬埔寨。

王斌 摄

66. 脆皮大头蛙

学　名	*Limnonectes fragilis*
分类地位	无尾目ANURA，叉舌蛙科Dicroglossidae
曾用学名	*Rana fragilis*，*Limnonectes*（*Limnonectes*）*fragilis*
英 文 名	Fragile Large-headed Frog，Fragile Wart Frog
别　名	无
保护级别	国家二级保护野生动物

物种介绍 体中等大小，雄蛙体长36～69毫米，雌蛙体长45～58毫米。头长略大于头宽；吻端钝圆，略超出于下唇；枕部隆起。雄蛙头部较大，下颌前端具一对齿状骨突，前肢特别粗壮，无婚垫，背侧有雄性线。从眼后至背侧各有一断续成行的窄长疣，无背侧褶。后肢前伸贴体时，胫跗关节达眼后角，左右跟部不相遇；指、趾末端球状而无横沟，趾间全蹼。皮肤极易破裂；体背面多为棕红色，上下唇缘有黑斑，背中部有一个"W"形黑斑；四肢背面有黑横斑3～4条；腹面浅黄色。生活于海拔290～900米山区的平缓水浅的流溪内。成蛙白天多在浅水流溪石间或石下活动，行动甚为敏捷，跳跃力强。繁殖期2—8月；蝌蚪底栖于石块下或石间，常潜入水底泥沙或石缝中，数量甚少。

地理分布 我国分布于海南（五指山、吊罗山、白沙、儋州、乐东尖峰岭、三亚、东方、昌江坝王岭）。

朱丽威 摄

67. 叶氏肛刺蛙

学 名	*Yerana yei*
分类地位	无尾目 ANURA，叉舌蛙科 Dicroglossidae
曾用学名	*Paa（Feirana）yei*，*Quasipaa yei*，*Nanorana yei*
英文名	Ye's Spiny-vented Frog
别 名	无
保护级别	国家二级保护野生动物

物种介绍 雄蛙体长50～64毫米，雌蛙体长69～83毫米。头宽大于头长，吻圆；颞褶明显。雄蛙具有单咽下内声囊；声囊孔圆形。皮肤粗糙，整个背面满布疣粒，背部者较大；雄蛙肛部皮肤明显隆起，肛孔周围刺疣密集；肛孔下方有两个大的圆形隆起，其上有黑刺，圆形隆起与肛部下壁之间有一囊泡状突起；雌蛙肛部囊状突起较小；雌雄蛙体腹面均光滑。背面颜色有变异，多为黄绿色或褐色；两眼间有一小白点；四肢腹面橘黄色，有褐色斑；咽喉部多有灰褐色斑，体腹面斑纹不明显或有碎斑。肛部呈囊状隆起，肛孔上方有长短乳突，且有黑刺；肛孔下方有两个大的白色圆形隆起，其上有黑刺多枚；雌蛙肛孔上方有一个大囊泡。生活于海拔320～560米的林木繁茂的山区。成蛙栖息于水流较急的流溪内及其附近，白天多隐居于石缝内或大石块下，夜晚上岸觅食，食物以昆虫为主。繁殖季节5—8月，产卵群于石下。

地理分布 我国分布于河南（商城）、安徽（霍山、潜山、金寨、岳西）。

石胜超 摄

68. 海南湍蛙

学　名	*Amolops hainanensis*
分类地位	无尾目 ANURA，蛙科 Ranidae
曾用学名	*Staurois hainanensis*, *Staurois planiformis*, *Amolops*（*Amolops*）

hainanensis，*Odorrana*（*Odorrana*）*hainanensis*

英文名	Hainan Torrent Frog，Hainan Sucker Frog
别　名	无
保护级别	国家二级保护野生动物

物种介绍　雄蛙体长 71～93 毫米，雌蛙体长 68～78 毫米。头长和头宽几相等，吻短而高，吻棱明显；鼓膜很小，无犁骨齿。后肢前伸贴体时，胫跗关节达眼部或眼后，左右跟部略重叠或仅相遇。指、趾吸盘甚大，后者稍小，均有横沟；趾间全蹼，外侧跖间蹼达跖基部；跗部腹面有厚腺体。体背部满布大小疣粒，无背侧褶；上唇缘有深浅相间的纵纹；背面橄榄色或褐黑色，有不规则的黑色或橄榄色斑；四肢背面横斑清晰，股后方有网状黑斑；腹面肉红色。生活于海拔 80～850 米的水流湍急之溪边岩石上或瀑布直泻的岩壁上。成蛙白天常攀爬在瀑布旁的悬崖绝壁上，受惊扰后跳入瀑布内崖缝中，晚上多在溪边石上或灌木枝叶上。4—8 月为繁殖期，卵群成团贴附在瀑布内岩缝壁上。蝌蚪栖息于溪面宽阔、两岸植被丰茂、溪内多巨石的急流水中，常吸附在石块底面。

地理分布　我国分布于海南（东方、五指山、昌江、白沙、乐东、琼中、三亚、陵水）。

费梁 摄

69. 香港湍蛙

学　　名　*Amolops hongkongensis*

分类地位　无尾目 ANURA，蛙科 Ranidae

曾用学名　*Staurois hongkongensis*，*Amolops*（*Amolops*）*hongkongensis*

英 文 名　Hong Kong Torrent Frog，Hong Kong Sucker Frog，Hong Kong Cascade Frog

别　　名　无

保护级别　国家二级保护野生动物

物种介绍　雄蛙体长 34 ~ 41 毫米，雌蛙体长 31 ~ 48 毫米，最大体长可达 65 毫米。头扁平，其长与宽相等；吻圆而明显突出，吻棱明显，眼径与吻长相等；无犁骨齿。第二、三指吸盘宽与其指长几乎相等，第四指吸盘更宽；趾吸盘小，指、趾端均具边缘沟。后肢前伸贴体时，胫跗关节达眼前角；趾间满蹼，跗褶发达。背面皮肤具许多小疣，腹部皮肤光滑。体和四肢背面为褐色或灰褐色；体背面有黑色斑纹，四肢背面具黑色横纹，股后面斑纹较醒目；体腹面和咽胸部为黄白色，无斑或有褐色斑，腹后和腿腹面粉白色。雄蛙第一指内侧具无色颗粒状婚垫，有一对内声囊。生活于海拔 150 ~ 300 米的山溪急流石间，常栖息在小瀑布附近的石上或瀑布里的石壁上。8 月中下旬繁殖。

地理分布　我国分布于广东（惠东、深圳）、香港。

费梁 摄

70. 小腺蛙

学 名	*Glandirana minima*
分类地位	无尾目 ANURA，蛙科 Ranidae
曾用学名	*Rana minimus*，*Rana*（*Glandirana*）*minima*
英 文 名	Little Gland Frog，Fujian Frog
别 名	无
保护级别	国家二级保护野生动物

物种介绍 体小，雄蛙体长23 ~ 32毫米、雌蛙体长25 ~ 32毫米。头长略大于头宽，吻端钝圆，吻棱不显；鼓膜圆，略小于眼径。指、趾略扁，趾腹侧具沟；有内外跗褶，趾间半蹼或1/3蹼。后肢前伸贴体时，胫跗关节达眼后缘。体背面皮肤粗糙，满布纵行长肤棱及小白腺粒，多排列成8列左右；腹面皮肤光滑。背面黄褐色或深或浅，体背后部及体侧常有少量黑斑，体腹面浅灰色有深色小点；四肢具横纹，胫腹面有深色小斑。雄性第一指婚垫上细刺密集；有一对咽侧下内声囊，背侧有雄性线。生活于海拔110 ~ 550米的山区或丘陵地区，成蛙多栖于小水坑、沼泽地或小溪边的草丛中。繁殖季节在6—9月，雄蛙发出"叽!嘎嘎嘎嘎"的鸣声。

地理分布 我国分布于福建（福清、福州、长乐、永泰）。

耿宝荣 摄

71. 务川臭蛙

学 名	*Odorrana wuchuanensis*
分类地位	无尾目 ANURA，蛙科 Ranidae
曾用学名	*Rana wuchuanensis*，*Rana（Hylarana）wuchuanensis*
英 文 名	Wuchuan Odorous Frog，Wuchuan Frog
别 名	无
保护级别	国家二级保护野生动物

物种介绍 体型较大，雄蛙体长 71 ～ 77 毫米，雌蛙体长 76 ～ 90 毫米；头顶扁平，头长大于头宽；吻端钝圆；鼓膜约为眼径的 4/5。指、趾具吸盘，除第一指外均有腹侧沟；无跗褶，趾间蹼缺刻深达第四趾第二关节下瘤。后肢前伸贴体时，胫跗关节达鼻孔，左右跟部重叠。无背侧褶。雄性第一指婚垫为淡橘黄色，无声囊，无雄性线。头体背面皮肤光滑，有较大疣粒；后背部、体侧及股、胫部背面有扁平疣粒；腹面皮肤光滑。背面绿色，疣粒周围有黑斑；四肢有多条深色横纹，股后有碎斑；腹面满布深灰色和黄色相间的网状斑块。生活于海拔 700 米左右山区的喀斯特溶洞内。成蛙栖息于距洞口 30 米左右的水塘周围的岩壁上。繁殖季节可能在 5—8 月，6—8 月可见到蝌蚪。

地理分布 我国分布于贵州（务川、德江、荔波）、湖北（建始）、广西（环江）。

徐键 摄

第四部分

鱼　类

1. 日本七鳃鳗

学　　名　*Lampetra japonica*

分类地位　七鳃鳗目 PETROMYZONTIFORMES，七鳃鳗科 Petromyzontidae

曾用学名　无

英　文　名　Arctic Lamprey，Darktail Alascan Lamprey，Lamprey-eel，
River Eight-eye Lamprey

别　　名　八目鳗、七星子、东亚叉牙七鳃鳗

保护级别　国家二级保护野生动物，CITES 附录 II

物种介绍　洄游性种类。体圆筒形，细长，后部侧扁。吻部腹面为漏斗吸盘，
内侧有许多角质齿。口位于吸盘的中央，口上下各有唇板，上唇板齿2枚，位
于两端；下唇板齿大多数为6枚，两端的齿尖分成二叉。头两侧眼后各有7个
外鳃孔，与眼连续排列，似8对眼。鼻孔1个，位于两眼前缘之间。体表裸
露，无鳞。侧线不发达。背鳍2个，两背鳍间略有距离。躯干部无偶鳍，尾
鳍为原型尾，呈箭头状。体色青绿或灰褐色，腹部较浅。既营独立生活，又
营寄生生活。营独立生活时，则以浮游动物为食。仔鳗期以腐殖碎片和丝状
藻类为食。繁殖期5—6月。

地理分布　我国分布于黑龙江、图们江、绥芬河等水系。国外分布于太平洋
北部阿拉斯加，向南至日本和朝鲜半岛沿岸及通海河流。

霍堂斌　摄

2. 东北七鳃鳗

学　　名	*Lampetra morii*
分类地位	七鳃鳗目 PETROMYZONTIFORMES，七鳃鳗科 Petromyzontidae
曾用学名	无
英 文 名	Korean Lamprey
别　　名	七星子、森氏双齿七鳃鳗
保护级别	国家二级保护野生动物

物种介绍　体前部圆筒状，后部侧扁。尾部较短。口下位，边缘环绕着穗状突起。无上下颌。口呈漏斗状吸盘，内齿角质；上唇板两端各具一齿，齿端有2尖；下唇板齿变异较大，6～9枚，弧形排列，两端齿略呈双峰形。眼为半透明皮肤所覆盖。鼻孔1个，位于眼前背方中央，边缘隆起。鳃孔每侧7个，位于眼后。体表裸露无鳞，侧线不发达。背鳍2个；两背鳍间有明显间距，第二背鳍长，后端以低皮褶与尾鳍相接，鳍内有辐状软骨条支持；腹面尾鳍前端中央皮褶极低，前延不达肛门。尾鳍矛状。无偶鳍。体灰褐色，腹部灰白色。既营独立生活，又营寄生生活。营独立生活时，则以浮游动物为食。繁殖期5—6月。

地理分布　我国主要分布于鸭绿江、辽河东部山区的太子河、浑河等。国外分布于朝鲜等。

霍堂斌　摄

3. 雷氏七鳃鳗

<table>
<tr><td>学　　名</td><td>*Lampetra reissneri*</td></tr>
<tr><td>分类地位</td><td>七鳃鳗目 PETROMYZONTIFORMES，七鳃鳗科 Petromyzontidae</td></tr>
<tr><td>曾用学名</td><td>*Petromyzon reissneri*</td></tr>
<tr><td>英 文 名</td><td>Asiatic Brook Lamprey，Sand Lamprey</td></tr>
<tr><td>别　　名</td><td>雷氏叉牙七鳃鳗</td></tr>
<tr><td>保护级别</td><td>国家二级保护野生动物</td></tr>
</table>

物种介绍　体长圆筒状，尾部略侧扁。头前端腹面有漏斗状吸盘，张开时为椭圆形。吸盘周围有许多乳突，吸盘内侧左右各有3个较大的内侧唇齿，吸盘内上颌齿板两端各有1个大齿，中间无齿，下颌齿板有4个齿排成一列。沿眼后方的两侧各有7个鳃孔。体无鳞。背鳍2个，两背鳍连续，后面的背鳍与尾鳍相连。尾鳍呈箭状。体黑褐色，腹部较浅。幼体主要以沙石上的植物碎屑和着生藻类为食，成体以浮游生物为食，也营寄生生活。繁殖期5—6月。

地理分布　我国分布于黑龙江水系干支流上游山区溪流、辽宁太子河等。国外分布于朝鲜半岛、日本九州、俄罗斯远东地区太平洋水系的一些河流。

霍堂斌　摄

4. 姥鲨

学　　名	*Cetorhinus maximus*
分类地位	鼠鲨目 LAMNIFORMES，姥鲨科 Cetorhinidae
曾用学名	*Squalus maximus*
英 文 名	Basking Shark，Bone Shark
别　　名	戆鲨（福建）、蒙鲨（浙江）、老鼠鲨（江苏、浙江）
保护级别	国家二级保护野生动物

物种介绍 体型巨大，呈纺锤形，最大体长可达12米，体重超过5 000千克。体灰褐色，青褐色或近黑色，腹面白色。头呈圆锥形。眼小、圆形且无瞬膜。具5个很宽的鳃孔，自背上侧伸达腹面喉部。鳃耙细长密列，以浮游动物为食。背鳍两个，第一背鳍大而呈等边三角形，位于胸鳍和腹鳍中间上方。尾柄每侧各具侧凸。尾鳍呈新月形，尾轴上翘，上尾叉较长，其近端处有一缺口。体被较小盾鳞。鱼体背部呈灰褐色或蓝灰色，腹部呈白色。主要以浮游桡足类及鳀、沙丁鱼等小型集群性鱼类为食。卵胎生，繁殖能力较低，性成熟较慢。为近海上层大型鲨鱼，在渔业捕捞中会因网丝缠绕等原因而被兼捕，在鱼翅贸易中会间或出现。

地理分布 我国东海和黄海均有分布。国外广泛分布于太平洋、印度洋和大西洋的温带和亚寒带海区。

鲸骑士 绘

5. 噬人鲨

学　名 *Carcharodon carcharias*

分类地位 鼠鲨目 LAMNIFORMES，鼠鲨科 Lamnidae

曾用学名 *Squalus carcharias*

英文名 Great White Shark，Man Eater

别　名 大白鲨、白鲛、食人鲛

保护级别 国家二级保护野生动物，CITES 附录 II

物种介绍 身体呈纺锤形，躯干粗大，头尾渐细小。尾柄平扁，具一侧凸，尾基上下方各异具一凹洼。吻较短，口宽大呈弧形。眼中大，圆形，瞳孔直立无瞬膜。齿大、扁宽呈三角形，边缘具细锯齿。鳃孔 5 个，较宽大，第五鳃孔位于胸鳍基底前方。第一背鳍颇大，呈等边三角形。鱼体背部呈暗褐色至青灰色，腹部渐淡呈白色。繁殖方式为卵胎生，雌性初次性成熟年龄为 30 龄以上，为近海上层大型凶猛鲨鱼。繁殖能力有限，性成熟较晚，世代交替周期长。在大陆架和河口等近岸渔业区域时有发现。

地理分布 我国分布于南海、东海和台湾东北海域。国外广布于几乎所有的热带、亚热带和温带海域，多集中在美国（大西洋东北区及加利福尼亚海岸）、智利、南非、日本、大洋洲海域，其中，在南非干斯拜沿海发现最密集的种群。

版权购自图虫网

6. 鲸鲨

学　　名	*Rhincodon typus*
分类地位	须鲨目ORECTOLOBIFOREMES，鲸鲨科Rhincodontidae
曾用学名	无
英 文 名	Whale Shark
别　　名	大鲨鱼、鲸鲛、鲸鱼
保护级别	国家二级保护野生动物，CITES附录Ⅱ
物种介绍	体延长庞大，体侧具两道明显的皮褶。头部扁宽，口前位；眼较小，无瞬膜。鳃孔宽大，最后3个位于胸鳍基底上方；鳃耙呈海绵过滤器状。第一背鳍位于腹鳍上方或稍后，尾鳍宽短，叉形。体背部或上侧面散布着大量白色或黄色斑点。滤食性，主要摄食浮游生物和小型鱼类。最大体长超过20米；性成熟年龄估计为25龄，卵胎生，一次可产近300尾胎仔，初生体长50～60厘米。
地理分布	我国分布于山东、浙江、福建、广东、广西及台湾沿海。国外分布于印度洋、太平洋和大西洋热带和温带海区，最北约达42°N、最南达31°53′S（南非）。

张先锋 供图

7. 黄魟

<table>
<tr><td>学　　名</td><td>*Dasyatis bennettii*</td></tr>
<tr><td>分类地位</td><td>鲼目MYLIOBATIFORMES，魟科Dasyatidae</td></tr>
<tr><td>曾用学名</td><td>*Trygon bennettii*，*Hemitrygon bennettii*</td></tr>
<tr><td>英 文 名</td><td>Bennett's Cowtail，Bennett's Stingray</td></tr>
<tr><td>别　　名</td><td>笨氏土魟、黄土魟、赤魟</td></tr>
<tr><td>保护级别</td><td>国家二级保护野生动物（仅限陆封种群）</td></tr>
<tr><td>物种介绍</td><td>体盘亚圆形，略微呈斜方形；吻尖，突出，口底中部有明显的乳突3个，外侧各有细小乳突1个。尾细长，是体盘长的2.7 ～ 3倍，具有下皮褶，上皮褶消失。幼体体表光滑，成体背部和尾部有鳞片。背部黄褐色或灰褐色，有时有云状暗色斑块，边缘颜色较淡；尾后部为黑色，腹面白色，边缘褐色；尾基部白色。陆封性底栖鱼类，卵胎生。</td></tr>
<tr><td>地理分布</td><td>陆封于我国广西境内内陆水域，尤以龙州及崇左左江一带出现记录较多。</td></tr>
</table>

陈江源 摄

8. 中华鲟

学　　名	*Acipenser sinensis*
分类地位	鲟形目ACIPENSERIFORMES，鲟科Acipenseridae
曾用学名	无
英 文 名	Chinese Sturgeon
别　　名	黄鲟、大癞子、着甲、鳇鱼、鲟鱼、腊子
保护级别	国家一级保护野生动物，CITES附录 II

物种介绍　身体呈梭形；头部和身体背部青灰色或灰褐色，腹部灰白色，各鳍灰色；体侧具有5行骨板；尾鳍上叶长于下叶；吻端锥形，两侧边缘圆形；具有吻须4根；口呈水平位，开口朝下。成年个体全长可超过4米，体重可超过800千克。在淡水河流中繁殖、在海洋中成长的洄游性鱼类。海中的成体一般在秋季上溯至江河上游水流湍急、底为砾石的江段繁殖，产卵期在秋冬季节，卵为黏性。亲鱼在生殖期间基本停食。繁殖完成后，亲鱼和孵化的幼鱼又回到海洋中生活。主要以小型鱼类、底栖动物和腐殖质为食。

地理分布　我国曾分布在东海、黄海和台湾海峡等以及流入其中的大型江河，包括长江、珠江、闽江、钱塘江和黄河；目前仅长江有一定现存量。国外在日本、朝鲜等近海海域有报道。

9. 长江鲟

学　　名	*Acipenser dabryanus*
分类地位	鲟形目 ACIPENSERIFORMES，鲟科 Acipenseridae
曾用学名	无
英 文 名	Yangtse River Sturgeon
别　　名	达氏鲟、沙腊子、小腊子
保护级别	国家一级保护野生动物，CITES 附录 II

物种介绍　体长呈梭形，头呈楔形，背面粗糙。吻较短，前端尖细。吻腹面具须2对。外形与中华鲟相似，但成鱼较中华鲟体长短、体重轻。淡水定居性鱼类。常在江河中下层活动，历史上在长江的湖北荆州段以上至金沙江下游较常见，亦进入大型湖泊。生长速度较快。幼鱼以水生寡毛类、蜻蜓幼虫、双翅目幼虫、摇蚊幼虫和小鱼等为食，较大幼鱼和成鱼主要以腐殖质和底栖无脊椎动物为食。产卵期一般停食。

地理分布　我国现仅分布于长江干支流，上溯可达乌江、嘉陵江、渠江、沱江、岷江及金沙江等下游。

邱宁 摄

10. 鳇

学　　名　*Huso dauricus*

分类地位　鲟形目 ACIPENSERIFORMES，鲟科 Acipenseridae

曾用学名　*Acipenser dauricus*

英 文 名　Siberian Huso Sturgeon

别　　名　黑龙江鳇

保护级别　国家一级保护野生动物（仅限野外种群），CITES 附录 II

物种介绍　头较尖，呈三角形，左、右鳃膜相互连接。吻的腹面有触须2对；口裂大；鳃盖膜相连；体具有5行菱形骨板；歪型尾，上叶大，向后方延伸；体背部呈绿灰色或灰褐色，体侧呈淡黄色，腹部呈白色；个体大，最大个体全长可达5.6米、重1 000千克。淡水鱼类，幼鱼主要以底栖无脊椎动物及小鱼、昆虫为食，1龄后主要以鱼为食。性成熟晚，生殖周期长，雌鱼初始成熟年龄为16～20龄，雄鱼为12龄以上，一般在水流急、水深且底质为沙砾的江段产沉黏性卵，平均怀卵量可达100万粒。

地理分布　我国分布于黑龙江水系。国外分布于日本、俄罗斯（远东地区）等。

庄平 摄

11. 西伯利亚鲟

学　　名	*Acipenser baerii*
分类地位	鲟形目ACIPENSERIFORMES，鲟科Acipenseridae
曾用学名	无
英 文 名	Siberian Sturgeon
别　　名	贝氏鲟、尖吻鲟
保护级别	国家二级保护野生动物（仅限野外种群），CITES附录II

物种介绍　全身被5列骨板；吻须4根；吻端锥形，两侧边缘圆形；口呈水平位。体色变化较大，背部和体侧浅灰色至暗褐色，腹部白色至黄色，骨板行间的体表分布有许多小骨片和微小颗粒；口较小，下唇中部裂开。多栖息在河流的中、下游，可以进入半咸水水域，但极少进入海水水域。食性广，主要以摇蚊幼虫等底栖动物为食。最大可长达2米、重200 ~ 210千克，60龄；雌鲟初次性成熟年龄在11 ~ 12龄，雄鲟在9 ~ 10龄。

地理分布　我国主要分布于新疆额尔齐斯河水系。国外主要分布于俄罗斯西伯利亚地区流入北冰洋的河流中。

庄平 摄

12. 裸腹鲟

学　名	*Acipenser nudiventris*
分类地位	鲟形目 ACIPENSERIFORMES，鲟科 Acipenseridae
曾用学名	无
英 文 名	Ship Sturgeon
别　名	鲟鳇鱼
保护级别	国家二级保护野生动物（仅限野外种群），CITES 附录 II

物种介绍　全身被以5列骨板；吻须4根；吻端锥形，两侧边缘圆形；口呈水平位。裸腹鲟背部呈灰绿色，体侧颜色较淡，腹部为黄白色，鳍为灰色。吻须上附有纤毛，骨板行间无小骨片。高龄鱼的腹骨板逐渐磨损直至完全消失。食性较广，摄食水生昆虫、软体动物、鱼类等生物。性成熟较晚，雄鱼6 ～ 9龄性成熟，而雌鱼则12 ～ 14龄性成熟。

地理分布　我国主要分布于新疆伊犁河。国外主要分布于黑海、亚速海、里海和咸海及其入海河流。

马波 供图

13. 小体鲟

学　　名	*Acipenser ruthenus*
分类地位	鲟形目 ACIPENSERIFORMES，鲟科 Acipenseridae
曾用学名	无
英 文 名	Sterlet
别　　名	小种鲟
保护级别	国家二级保护野生动物（仅限野外种群），CITES 附录 II

物种介绍　全身被5列骨板；吻长占头长的70%以下，吻须4根；吻端锥形，两侧边缘圆形；口呈水平位；体色变化较大，但背部常呈深灰褐色，腹部黄白色。骨板行之间有大量小骨板分布。淡水定栖性鱼类，可栖息于河流或水库中；个体较小，一般全长不超过1米。主要摄食摇蚊等多种昆虫的幼体，也摄食小型软体动物、寡毛类、多毛类、蛭类及其他无脊椎动物。

地理分布　我国主要分布于新疆额尔齐斯河水系。国外广泛分布于欧洲地区流入里海、黑海、亚速海等的河流中。

马波 供图

14. 施氏鲟

学　名	*Acipenser schrenckii*
分类地位	鲟形目ACIPENSERIFORMES，鲟科Acipenseridae
曾用学名	无
英文名	Amur Sturgeon
别　名	史氏鲟、黑龙江鲟、鲟鱼、七粒浮子
保护级别	国家二级保护野生动物（仅限野外种群），CITES附录II
物种介绍	全身被5行骨板；吻须4根，吻须上具有纤毛；吻端锥形，两侧边缘圆形；口呈水平位，开口朝下；身体最高在第一背骨板处。体色一般为灰色，也有个体为褐色。淡水鱼类，在冬季主要集中于主河槽深水区越冬。春季，成鲟开始上溯产卵洄游。主要以昆虫幼虫和小型鱼类为食。成体一般可达1米，体重4～6千克，雄鲟的初次性成熟年龄为7～8龄，雌鲟的性成熟年龄一般为9～10龄，平均怀卵量约30万粒。
地理分布	我国分布于黑龙江中游、松花江、乌苏里江。国外分布于俄罗斯。

庄平 摄

15. 白鲟

学　名 *Psephurus gladius*

分类地位 鲟形目ACIPENSERIFORMES，匙吻鲟科Polyodontidae

曾用学名 *Polyodon gladius*

英文名 Chinese Elephant Fish，Chinese Paddle Fish

别　名 象鱼、象鼻鱼、扬子江白鲟、朝剑鱼、象鲟

保护级别 国家一级保护野生动物，CITES附录Ⅱ

物种介绍 体长，呈梭形，前部稍平扁，中段粗壮，后部略侧扁；头极长，超过体长的一半；吻呈剑状。整个头部皮膜表面密布着许多梅花状的感觉神经细胞组织。鳃孔大，体光滑无鳞。半溯河洄游性鱼类，栖息于长江干流的中下层，善于游泳。大型凶猛性鱼类，成鱼和幼鱼均主要以鱼类为食，亦食少量的虾、蟹等。成熟卵呈灰黑色，卵大，随水漂流发育；幼鱼至长江口育肥生长。

地理分布 我国分布于长江干流、钱塘江等，也可在河口咸淡水和海水水域生活。

危起伟 供图

16. 花鳗鲡

学　　名	*Anguilla marmorata*
分类地位	鳗鲡目 ANGUILLIFOMES，鳗鲡科 Anguillidae
曾用学名	无
英 文 名	Marbled Eel
别　　名	花鳗、雪鳗、鳝王、乌尔鳗、卢鳗、溪鳗、鲈鳗、花锦鳝
保护级别	国家二级保护野生动物

物种介绍　体长圆筒形，尾部稍侧扁；眼小，上侧位，覆有透明皮膜；下颌稍突出，中央无齿；体被细鳞，埋于皮下。侧线完全，侧线孔明显；背鳍起点在鳃孔后上方，臀鳍起点与背鳍起点的垂直线间距大于头长，胸鳍短，后缘圆形，尾鳍末端稍尖，臀鳍在肛门后方；体背侧密布黄绿色斑块和斑点，腹部乳白色，各鳍具蓝绿色斑块，胸鳍边缘黄色。常见个体体长70～80厘米，体重约5千克，最大个体体长可超过230厘米、体重40～50千克。热带、亚热带江海洄游鱼类，体壮有力，性情凶猛，能离水进入湿地或雨后竹林、灌木丛中觅食。肉食性，摄食鱼类、虾类、蟹类、贝类、蛙类和其他小动物，也摄食落入水中的大动物尸体。以追赶方式取食。

地理分布　我国分布于长江下游及钱塘江、灵江、欧江、九龙江，以及台湾、广东、广西和海南的各大江河。国外分布于东达太平洋中部诸岛，西达非洲东部，南达澳大利亚南部，北达朝鲜、日本南部。

林永晟 摄

17. 鲥

学　　名　*Tenualosa reevesii*

分类地位　鲱形目 CLUPEIFORMES，鲱科 Clupeidae

曾用学名　*Alosa reevesii*

英 文 名　Chinese Shad，Reeves Shad，Sam Lai

别　　名　三来、三黎、中华鲥鱼、李氏鲥鱼、云鲥

保护级别　国家一级保护野生动物

物种介绍　体侧扁，长椭圆形。头中等大，口端位。口裂倾斜，下颌稍长；上颌正中具一缺刻，与下颌骨正中的突起相吻合。上颌后端达眼后缘下方，眼有发达的脂眼睑。鳃耙细长且密。鳃孔大。假鳃发达。鳞片大而薄，上具细纹；尾鳍基部有小鳞片覆盖；胸鳍、腹鳍基部有大而呈长形的腋鳞；腹面有大而锐利的棱鳞，边缘呈锯齿状。尾鳍深叉形，体部和头部灰黑色，上侧略带蓝绿色光泽，下侧和腹部银白色。无侧线。暖水性溯河产卵的洄游性鱼类，因每年定时入江而得名。大部分时间生活在海洋，每年3—5月，性成熟个体由海洋溯河作生殖洄游集群进入江河中生殖产卵。滤食性鱼类，主要以浮游生物为食，有时也食硅藻、有机碎屑。一生多次生殖，产卵期5—7月，其中5—6月为盛期。一般2～3龄达性成熟，性成熟时的体长雌性约为46.5厘米，雄性约为42厘米。

地理分布　我国分布于渤海、黄海、东海、南海海区，以及长江、珠江、钱塘江、闽江等水系。国外分布于西起印度，东至菲律宾，北至日本南部的海域。

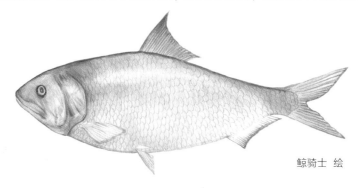

鲸骑士 绘

18. 双孔鱼

学　名 *Gyrinocheilus aymonieri*

分类地位 鲤形目 CYPRINIFORMES，双孔鱼科 Gyrinocheilidae

曾用学名 *Psilorhynchus aymonieri*

英文名 Algae Eater，Biforated Carp

别　名 湄公双孔鱼

保护级别 国家二级保护野生动物（仅限野外种群）

物种介绍 头侧具有2对鳃孔，在主鳃孔上角具一入水孔，通入鳃腔。鳃
耙细小，排列紧密。侧线鳞40～41。背鳍起点在胸、腹鳍起点的正中线上；
偶鳍与臀鳍均小；尾鳍叉形。体背部灰黑色，腹部白色、略扁，背部和体侧
各具8～9个黑斑，有时成2行。尾鳍具点状条纹，其余各鳍灰色。头背扁
平，眼间隔宽大。吻部有凹陷，并有瘤状突起。无口角须。上下唇连合形成
一个碗状吸盘，其上密布环状排列的乳状突，使整个口部成为强有力的吸着
器。栖息于清水石底河段的激流处，吸附在石块表面。

地理分布 我国分布于云南勐腊（属澜沧江水系）、勐海。国外分布于柬埔
寨、老挝、泰国和越南等地。

林永晟 摄

19. 平鳍裸吻鱼

学　　名	*Psilorhynchus homaloptera*
分类地位	鲤形目CYPRINIFORMES，裸吻鱼科Psilorhynchidae
曾用学名	无
英文名	Homaloptera Minnow，Naked-snout Carp，Torrent Stone Carp
别　　名	扁吻鱼
保护级别	国家二级保护野生动物

物种介绍　体长，背鳍弧形，胸腹部平直，体前部平扁，后部侧扁，尾柄细长。头小，稍扁平。口小，下位。下颌突露于下唇之前，具有较锐利的边缘。吻皮和下唇边缘的狭区具细小的乳突。无吻须，具口角须1对，极短小。侧线鳞43～46个。背鳍刺弱，光滑；偶鳍平展，胸鳍宽大，具8～9根不分支鳍条；尾鳍叉形。在体背部中央背鳍前及后各有4～5块长形深褐色斑，体侧沿侧线具7～10块深色斑，各鳍灰白色。杂食性，主要以藻类和水生无脊椎动物为食。繁殖期为7—8月，卵较小，乳黄色。

地理分布　我国分布于雅鲁藏布江下游及其支流。国外分布于印度的布拉马普特拉河水系。

李雷 摄

20. 胭脂鱼

学　　名 *Myxocyprinus asiaticus*

分类地位 鲤形目 CYPRINIFORMES，亚口鱼科 Catostomidae

曾用学名 *Carpiodes asiaticus*

英 文 名 Chinese Sucker

别　　名 红鱼、黄排、木叶鱼、紫鳊鱼、燕雀鱼、火烧鳊

保护级别 国家二级保护野生动物（仅限野外种群）

物种介绍 体侧扁，稍呈圆筒形，胸腹部平，向后逐渐侧扁且细长，尾部较细。头小。口小，下位，无须。尾鳍叉状。体型大，最大体长可达1米左右，重60千克。幼体侧有3条黑色横纹。成年雄鱼为红色，雌鱼为青紫色，体侧中轴有1条胭脂红色的宽纵纹。鱼苗时多生活在水的上层，而成鱼时多生活在水的中下层。以摇蚊、蜻蜓等昆虫，端足类、软体动物为食。在河上游急流浅滩处繁殖，3—4月产卵；产卵后，回到干流深水处越冬。

地理分布 我国分布于长江、闽江水系，现闽江水系种群已基本绝迹。

庄平 摄

21. 唐鱼

学　　名	*Tanichthys albonubes*
分类地位	鲤形目CYPRINIFORMES，鲤科Cyprinidae
曾用学名	无
英 文 名	White Cloud Mountain Minnow，Tan's Aquarium Minnow
别　　名	红尾鱼、白云金丝、白云山鱼、金丝鱼
保护级别	国家二级保护野生动物（仅限野外种群）

物种介绍 体细小，长而侧扁，体高约等于头长。腹部圆，无腹棱。吻短而圆钝。口小，亚上位。口裂下斜，下颌突出，前端无瘤状突，上颌中央也无缺刻。无口须。眼大，侧上位。眼后头长显著大于吻长。眼间距约为吻长的2倍。体被圆鳞，鳞片中等大小，未见有侧线。生活时体色艳丽多彩，为一种著名的观赏鱼类。其体色及斑纹随产地、雌雄性别和饲养条件的不同有一定的变异。一般体背棕色，腹面银白，沿体侧中部有1道金黄色或银蓝色纵行条斑，在条斑上下各有数道深棕色线纹。尾柄基部有1个红色圆斑。虹膜金黄。背鳍基部红色，上杂黄、蓝斑点；其他各鳍黄绿，边缘透明。多栖息在山区清澈的溪流（微流水）环境中。性活泼。能耐寒，当水温降到5℃时，仍能正常生活。为杂食性小型鱼类，以食浮游动物和腐殖质为主。

地理分布 我国特有种，分布于广东白云山及广州附近的山溪中。

陈寄贤 摄

22. 稀有鮈鲫

学 名 *Gobiocypris rarus*

分类地位 鲤形目CYPRINIFORMES，鲤科Cyprinidae

曾用学名 无

英文名 Rare Gudgeon

别 名 青鱼、金白娘

保护级别 国家二级保护野生动物（仅限野外种群）

物种介绍 小型鱼类，体纺锤形，稍侧扁，胸、腹部圆，无腹棱，头中等大。侧线不完全，吻钝，口较小、端位，无鼻须。下咽齿2行。背鳍无硬刺；胸鳍不达腹鳍，腹鳍不达臀鳍；肛门紧靠臀鳍起点。尾鳍分叉，上下叶几乎等长。体侧具有淡黄色宽纵纹，腹部白色，尾鳍基中部有一较明显的黑斑，在繁殖季节成鱼体侧金黄色纵带鲜艳。通常全长38～45毫米达到性成熟，已知最大个体全长85毫米。雄鱼胸鳍、腹鳍的相对长度较长，胸鳍末端距离腹鳍起点距离较近，鳃盖、胸鳍上有细小的棘状珠星；雌鱼胸鳍、腹鳍的相对长度较短，一般体表光滑，无珠星。在自然界中主要以昆虫幼虫、浮游生物、着生藻类和水蚯蚓为食。自然条件下，繁殖季节为3—11月。温水性鱼类，对温度的适应范围很广。

地理分布 我国特有种，分布于四川西部大渡河支流流沙河和成都附近岷江柏条河。

林永晟 摄

23. 鯮

学　　名　*Luciobrama macrocephalus*

分类地位　鲤形目 CYPRINIFORMES，鲤科 Cyprinidae

曾用学名　*Synodus macrocephalus*

英 文 名　Long Spiky-head Carp

别　　名　吹火筒

保护级别　国家二级保护野生动物

物种介绍　体侧扁，背部平直，腹部圆。头长尖，吻像“鸭嘴”，口端位，下颌突出于上颌。眼后有透明脂肪体，鳃盖膜与峡部相连。鳞片较小。侧线完全。背鳍短小，在腹鳍后上方，臀鳍位于背鳍后下方。体背部深灰色，体侧及腹部银白色，胸鳍呈淡粉色，背鳍、尾鳍灰色，腹鳍、臀鳍浅灰色。大型经济鱼类，最重可达50千克，性情凶猛，以其他鱼类为食。雌鱼5龄达性成熟。雄鱼4龄性成熟。产卵期为4—7月。生活在江河或湖泊的中下层，性凶猛，游泳力强，鱼苗时即能吞食其他鱼苗。成鱼则以长形的吻部从石缝中觅食小鱼。

地理分布　我国分布于长江、闽江和珠江。国外分布于越南。

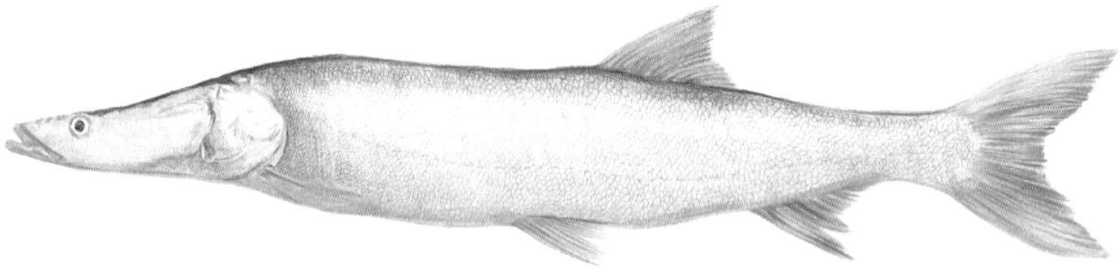

鲸骑士 绘

24. 多鳞白鱼

学　名	*Anabarilius polylepis*
分类地位	鲤形目 CYPRINIFORMES，鲤科 Cyprinidae
曾用学名	*Barilius polylepis*
英文名	无
别　名	桃花白鱼、大白鱼
保护级别	国家二级保护野生动物

物种介绍　体长而侧扁，头后背部稍隆起，腹缘呈弧形，头长略大于体高。吻尖、吻长往往大于眼径而等于或略小于眼间距。口端位，斜裂，后端伸达鼻孔后缘的正下方，上下颌等长或下颌略突出，下颌前端小突起嵌入上颌的凹陷处。眼侧上位。眼间距宽。鳞细小，腹鳍基具1枚狭长腋鳞。侧线完全，在胸鳍上方急剧向下弯折，行于体侧的下半部，最后入尾柄的中轴。背鳍末根不分支鳍条为后缘光滑的硬刺。胸鳍伸达至腹鳍起点间距离的2/3，腹鳍起点至臀鳍起点距离约等于或小于至胸鳍起点距离，末端远离肛门。臀鳍起点距腹鳍起点较距尾鳍基为近。尾鳍叉形，末端尖。栖息于水体中上层，主要以水草、小鱼和小虾为食，1冬龄性成熟，繁殖旺季为3月。

地理分布　我国特有种，分布于云南滇池。

鲸骑士 绘

25. 山白鱼

学　名	*Anabarilius transmontanus*
分类地位	鲤形目 CYPRINIFORMES，鲤科 Cyprinidae
曾用学名	*Ishikauia transmontana*
英文名	无
别　名	无
保护级别	国家二级保护野生动物

物种介绍　体侧扁，头后背部隆起，躯干前部为身体最高处。头较钝。口端位，上下颌等长，上颌缺刻不明显，口裂略斜，后端伸达鼻孔的正下方。侧线鳞54～57。侧线在胸鳍上方的弯折明显。腹棱自腹鳍至肛门。背鳍不分支鳍条多半分节，末端柔软，仅基部变硬，起点大多数是在最后一个鳞片至鼻孔的中点，少数在至吻端的中点。腹鳍位置多与背鳍相对或略后于背鳍。臀鳍起点在背鳍末端之后的下方。腹膜灰黑色。鳔2室，后室末端钝圆，其长为前室的1.8倍。

地理分布　我国特有种，分布于云南大屯湖及注入元江的文山盘龙河局部河段。

陈小勇 摄

26. 北方铜鱼

学　　名	*Coreius septentrionalis*
分类地位	鲤形目 CYPRINIFORMES，鲤科 Cyprinidae
曾用学名	*Coripareius septentrionalis*
英 文 名	Northern Bronze-gudgeon
别　　名	鸽子鱼
保护级别	国家一级保护野生动物

物种介绍　体略呈长筒形，尾柄稍侧扁，腹部圆，头小略平扁，吻长，口下位且呈马蹄形。口角有粗长触须1对，末端伸达前鳃盖骨后缘。眼小带有红圈，酷似鸽子眼，故俗称"鸽子鱼"。体两侧有黑色斑块，呈散状、群集状分布。底层鱼类，喜欢栖息于河湾及水底多砂石、水流较平稳的区域。以动物性食物为主，水生昆虫、小鱼虾、植物碎屑和谷物都是成鱼的主要摄食对象。幼鱼阶段食性较广，摄食浮游动物、摇蚊幼虫、昆虫等，也捕食其他鱼类的鱼卵及鱼苗。春季溯河上游产卵，产卵期不集群，也很少摄食；冬季则会潜伏在深水处或岩石下越冬。繁殖期为4—6月。

地理分布　我国特有种，分布于黄河水系青海贵德至山东河段。

赵亚辉 供图

27. 圆口铜鱼

学　　名	*Coreius guichenoti*
分类地位	鲤形目 CYPRINIFORMES，鲤科 Cyprinidae
曾用学名	*Saurogobio guichenoti*
英 文 名	无
别　　名	方头水鼻子
保护级别	国家二级保护野生动物（仅限野外种群）

物种介绍　体长，头后背部显著隆起，前部圆筒状，后部稍侧扁，头小，较平扁，吻宽圆。口下位，口裂大，呈弧形。体黄铜色，体侧有时呈肉红色，腹部白色带黄，背鳍灰黑色亦略带黄色，胸鳍肉红色，基部黄色，腹鳍、臀鳍黄色，微带肉红，尾鳍金黄，边缘黑色。江河流水性底层鱼类，成鱼生活在干流的急流河滩和流动的洄水沱中。食性较广，为杂食性鱼类，一般以底栖动物、水生昆虫、鱼苗或植物碎屑为食。初次性成熟年龄为4龄，繁殖季节为4月下旬至7月中旬，以5—6月为盛产期，在流水中产漂流性卵。

地理分布　我国特有种，分布于长江中上游（包括金沙江中下游及雅砻江下游）。

邱宇 摄

28. 大鼻吻鮈

学　　名	*Rhinogobio nasutus*
分类地位	鲤形目 CYPRINIFORMES，鲤科 Cyprinidae
曾用学名	*Megagobio nasutus*
英 文 名	无
别　　名	土耗儿
保护级别	国家二级保护野生动物

物种介绍　体长，圆筒状，腹部圆，尾柄宽，稍侧扁。头长，锥形，其长大于体高。吻长，渐向前突出，长度大于眼后头长。口下位，深弧形。口角须 1 对，稍粗，其长远超过眼径。鼻孔甚大，大于眼径。眼间宽，稍隆起。体鳞较小，略呈长圆形，胸部鳞片细小，常隐埋皮下。侧线完全，平直。背鳍无硬刺，外缘微凹。胸鳍宽长，外缘略凹，位近腹面。腹鳍位置在背鳍起点之后，末端接近肛门。肛门位置近臀鳍起点。臀鳍稍宽厚。尾鳍分叉，末端稍圆，上下叶等长。体背及体侧青灰色，腹部灰白。背鳍、尾鳍灰黑色，其他各鳍灰白色。生活于水体底层，喜流水，以底栖动物为食。

地理分布　我国特有种，分布于黄河中上游。

薛佳名 摄

29. 长鳍吻鮈

学　　名	*Rhinogobio ventralis*
分类地位	鲤形目CYPRINIFORMES，鲤科Cyprinidae
曾用学名	无
英 文 名	无
别　　名	洋鱼、土耗儿、耗子鱼
保护级别	国家二级保护野生动物

物种介绍　体长，稍侧扁；头后背部至背鳍起点渐隆起；腹部圆；头短，钝锥形；吻略短，圆钝，稍向前突出。口小，下位，深弧形。体背深灰色略带黄色，腹部灰白色；背、尾鳍黑灰色，其边缘色较浅，其余各鳍均为灰白色。背鳍第一根分支鳍条显著延长，其长度大于头长。在江河的底层生活，主食水生昆虫。3龄以上达性成熟，繁殖季节具有副性征。雄性个体吻端有米黄色珠星，胸鳍不分支鳍条上可见少量珠星，而雌鱼没有。常活动于急流险滩、支流出口。主要以淡水壳菜、河蚬和水生昆虫为食。

地理分布　我国分布于长江中上游。

邱宁 摄

30. 平鳍鳅鮀

学 名	*Gobiobotia homalopteroidea*
分类地位	鲤形目CYPRINIFORMES，鲤科Cyprinidae
曾用学名	无
英 文 名	Eight-whisker Gudgeon
别 名	八根胡子鱼
保护级别	国家二级保护野生动物
物种介绍	体长圆筒形，后部稍侧扁；尾柄细长；头低；吻部向前渐近平扁；口下位，呈弧形，唇薄，上唇具乳突状皱褶。腹膜浅灰色。体背部及体侧上半部灰褐色，腹部灰白色。头后部有一明显的黑斑，体背部中线有8～10个黑色斑块，体侧有一道浅褐色纵纹从胸鳍基部上方延伸到尾柄，在纵纹上有8个黑斑。背面色深，其他各鳍灰白色。栖息于江河底层，喜急流，主要以底栖动物为食。
地理分布	我国分布于黄河中上游干、支流中。

张春光 供图

31. 单纹似鱤

学　　名	*Luciocyprinus langsoni*
分类地位	鲤形目CYPRINIFORMES，鲤科Cyprinidae
曾用学名	无
英 文 名	Shuttle-like Carp
别　　名	单纹拟鳍鱤
保护级别	国家二级保护野生动物

物种介绍　体长，圆筒形，头长大于体高。口大，口裂达眼前缘。下颌中央具硬突起。无须。眼大，眼间宽平。鳃孔大。侧线鳞多。背、腹鳍起点相对，背鳍无硬刺。体背侧青灰色带暗红，沿体中轴3 ~ 4行纵行鳞片具黑条纹，尾柄背侧鲜红。生活在大江河和湖泊的开阔水域，为中、上层鱼类，善游泳；亦喜栖息在底质多岩石的场所。性成熟年龄较迟，生殖季节一般在3—5月。产卵需有流水条件，故多在流水沙滩处繁殖。卵黄色，分批产。幼鱼无明显的集群现象，栖息在河湾缓流或静水中。每年涨水逆江而上，退水顺江而下。生活在湖泊中的种群无明显的洄游规律。幼鱼食浮游动物和鱼苗，成鱼专以鱼类为食。

地理分布　我国分布于西江、南盘江水系。

雷皓天 摄

32. 金线鲃属所有种

学　　名	*Sinocyclocheilus* spp.
分类地位	鲤形目 CYPRINIFORMES，鲤科 Cyprinidae
曾用学名	*Gibbibarbus*，*Anchicyclocheilus*
英 文 名	Golden-line Barbel
别　　名	金线鱼、波罗鱼、油鱼
保护级别	国家二级保护野生动物

物种介绍 体延长或较高，侧扁。形态多样，有的种类头后背部隆起或急剧隆起，有的在头背交界处形成前突的角状结构。吻尖或钝圆，向前突出。上颌末端不达眼前缘的下方。须2对，约等长或口角须略长于吻须。背鳍末根不分支鳍条为硬刺，或光滑柔软。背鳍与腹鳍起点相对，或背鳍起点略后。多数种类鳞片较细小，侧线上下的鳞片比侧线鳞小，侧线完全。体鳞变化大，有的全身被鳞，有的局部裸露，有的全身裸露。具有洞穴生活习性，有的整个生活史在洞穴中完成，有的部分生活史在洞穴中完成。

地理分布 我国特有属，分布于广西、云南、贵州等地区的喀斯特溶洞、地下河系及邻接水体。

赵亚辉 供图

33. 四川白甲鱼

学　名 *Onychostoma angustistomata*

分类地位 鲤形目 CYPRINIFORMES，鲤科 Cyprinidae

曾用学名 *Varicorhinus angustistomatus*

英文名 无

别　名 小口白甲、尖嘴白甲、腊棕

保护级别 国家二级保护野生动物

物种介绍 体长，侧扁，尾柄细长，腹部圆，背鳍起点为体的最高点。头短，吻圆钝，口宽。背鳍硬刺后缘具锯齿，末端柔软，背鳍外缘成凹形。背部青灰色，腹部黄白色，背鳍上部鳍膜有黑色斑纹，尾鳍下叶鲜红，其他各鳍亦略带红色。为底栖性鱼类，喜生活于清澈而有砾石的流水中。食物以着生藻类及沉积的腐殖质为主。亲鱼性成熟后即上溯至多砾石的急流处产卵，卵常黏附在水底砂石上进行孵化。生殖期间雄鱼吻部、胸鳍、臀鳍上具粗大的白色珠星，偶鳍及臀鳍呈鲜红色；雌鱼吻部珠星不明显。

地理分布 我国分布于长江上游干支流，尤以金沙江、嘉陵江、岷江、大渡河和雅砻江中下游等水系多见。

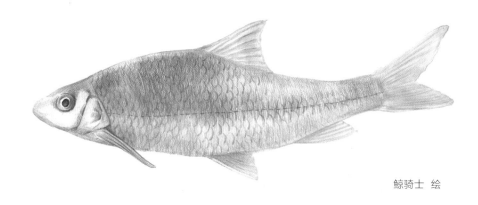

鲸骑士 绘

34. 多鳞白甲鱼

学　　名	*Onychostoma macrolepis*
分类地位	鲤形目CYPRINIFORMES，鲤科Cyprinidae
曾用学名	*Gymnostomus macrolepis*
英 文 名	无
别　　名	赤鳞鱼、多鳞铲颌鱼
保护级别	国家二级保护野生动物（仅限野外种群）

物种介绍　体长，稍侧扁，背稍隆起，腹部圆。头稍长，吻钝。下颌边缘具锐利角质，须2对。背鳍无硬刺，外缘稍内凹。胸部鳞片较小，埋于皮下。体背黑褐色，腹部黄褐色。体侧每个鳞片的基部具有新月形黑斑，背鳍和尾鳍灰黑色，其他各鳍灰黄色，外缘金黄色，背鳍和臀鳍都有一条橘红色斑纹。栖息在砾石底质，水清澈、低温、流速较大，海拔为300 ~ 1 500米的河流中，常借助河道中溶岩裂缝与溶洞的泉水发育，秋后入泉越冬。以水生无脊椎动物及着生在砾石表层的藻类为食。种群丰度不高，是我国鲃亚科中分布纬度最高的鱼类，水温低时洞居。集群。

地理分布　我国分布于海河上游的拒马河等水系；黄河下游的大汶河上游，中游的沁河、渭河等水系；长江支流汉江、嘉陵江等的中上游。

林永晟 摄

35. 金沙鲈鲤

学 名	*Percocypris pingi*
分类地位	鲤形目 CYPRINIFORMES，鲤科 Cyprinidae
曾用学名	*Leptobarbus pingi*
英 文 名	无
别 名	大花鱼、花鲤、江鳅
保护级别	国家二级保护野生动物（仅限野外种群）

物种介绍 体延长，侧扁，腹圆无棱。头较长，吻圆钝，吻皮止于上唇基部，与上唇分离。唇肥厚，唇后沟在颏中部中断。口亚上位，上颌末端伸达鼻孔后缘下方；下颌稍突出，内缘革质，与下唇之间有明显的缢痕。须2对，发达，吻须达眼下缘，口角须等于或稍长于吻须。鳞较细小，胸腹部及背部鳞更小且埋于皮下，无裸露区，侧线完全。背鳍外缘稍内凹，末根不分支鳍条粗壮，后缘具锯齿，末端柔软分节，体侧有许多黑色斑点组成的排列整齐的直行条纹，腹鳍至臀鳍起点间的距离大于吻长。体背面青黑色，腹部灰白色，头背面有分散的黑斑点。属凶猛性肉食鱼类。夏季繁殖，产卵在急流水中。

地理分布 我国分布于长江上游，包括金沙江中下游、螳螂川等。

罗刚 供图

36. 花鲈鲤

学　　名	*Percocypris regani*
分类地位	鲤形目 CYPRINIFORMES，鲤科 Cyprinidae
曾用学名	*Barbus regani*
英 文 名	无
别　　名	无
保护级别	国家二级保护野生动物（仅限野外种群）

物种介绍　体延长，略侧扁；吻端圆钝，下颌突出；口亚上位，成一斜裂。须2对，吻须短于口角须，明显缺刻，上下唇包在上下颌的外表，眼在头侧的前上方。背鳍刺弱，末根不分支鳍条基部较硬，后缘具锯齿。臀鳍位于腹鳍与尾鳍的中点，胸鳍后伸不达腹鳍起点。鳞比较小，胸腹部鳞变得更小，浅埋于皮下。腹鳍基部具腋鳞，背鳍基部具鳞鞘。侧线下弯向后伸入尾柄的正中。背部青黑色，腹部灰白色，体侧上半部具分散的黑色斑点。不成行，腹鳍至臀鳍起点间的距离小于吻长。头背和头侧的黑色斑点增大，尤以头背明显，颜色深黑。生活于中上层的敞水区，猎食小型鱼类。

地理分布　我国分布于云南省的抚仙湖和南盘江。

庄平 摄

37. 后背鲈鲤

学　　名	*Percocypris retrodorslis*

分类地位 鲤形目 CYPRINIFORMES，鲤科 Cyprinidae

曾用学名 无

英文名 无

别　　名 无

保护级别 国家二级保护野生动物（仅限野外种群）

物种介绍 体略侧扁，头大前端尖，吻部及口裂较宽；口亚上位，斜裂，下颌突出，须2对，触须发达。背鳍起点至尾鳍基的距离小于或等于至眼后缘的距离。背鳍刺弱、后位，后缘具锯齿；尾鳍深叉，肛门紧靠臀鳍起点。鳞比较小，胸腹部鳞变得更小，浅埋于皮下。侧线下弯。背部青黑色，腹部灰白色，体侧沿侧线有一条较宽大的黑色色素带，体色和斑纹较淡且散乱不成行。肉食性。

地理分布 我国分布于云南的澜沧江、怒江水系等。

赵树海 供图

38. 张氏鲈鲤

学　名	*Percocypris tchangi*
分类地位	鲤形目 CYPRINIFORMES，鲤科 Cyprinidae
曾用学名	*Leptobarbus tchangi*
英 文 名	无
别　名	无
保护级别	国家二级保护野生动物（仅限野外种群）

物种介绍　体长，侧扁。口端位，上颌末端达到鼻孔后缘的下方。须2对，较发达。眼侧前上位。鳃孔大。侧线完全。鳞较小，胸腹部鳞更小，并且埋于皮下。背鳍末根不分支鳍条为硬刺，后缘具锯齿。体侧有一条居于中间的黑色横带，背鳍起点位于眼后缘和尾鳍起点的正中。

地理分布　我国分布于澜沧江水系中、下游。国外分布于越南红河。

引自Pellegrin J & Chevey P

39. 裸腹盲鲃

　Typhlobarbus nudiventris

分类地位　鲤形目 CYPRINIFORMES，鲤科 Cyprinidae

曾用学名　无

英 文 名　Blind Naked-belly Barbel

别　　名　无

保护级别　国家二级保护野生动物

物种介绍　体小，细长，胸腹面平坦，向后渐侧扁。头中等大。吻圆钝，略突出。前鼻孔具短管，与后鼻孔间有鼻瓣相隔。眼窝位于头中央，略凹，内充塞脂肪组织，或仅留针尖状小孔，孔底黑色，是极度退化的眼球。口亚下位，弧形。吻、颌须各1对，约等长。鳞中等大，前背部中央及胸腹部裸露。侧线鳞39～40。背鳍无硬刺，胸、腹鳍平展，与胸腹部在同一平面上。活体身体半透明，隐现淡红色，腹部可见灰黑色肠含物。鳃部血红色。鳍透明。典型洞穴鱼类，终生栖居于洞穴或地下河中。

地理分布　我国分布于云南建水县。

赵锐 供图

40. 角鱼

学　名　*Akrokolioplax bicornis*

分类地位　鲤形目 CYPRINIFORMES，鲤科 Cyprinidae

曾用学名　无

英文名　Bihorned Barbel

别　名　阿克角鱼

保护级别　国家二级保护野生动物

物种介绍　体延长，稍侧扁，前部粗大，后部渐细。口下位，成一横裂，上唇消失。吻皮向腹面包弯，边缘开裂成流苏，盖住口裂。吻角钝圆，吻端前侧角有一游离的肉质瓣，两颌及犁角具绒毛齿。头部、背面与两侧均被骨板，体被小圆鳞。头部及背侧面红色，并有黄色网状斑纹。背鳍两个，分离，其两侧各有1纵列棘楯板；胸鳍长而宽大、位低，下方有3条指状游离鳍条，内侧为具斑点的艳绿色；尾鳍截形，后缘白色。

地理分布　我国分布于云南怒江水系。国外分布于缅甸和泰国。

陈小勇　摄

41. 骨唇黄河鱼

学　　名	*Chuanchia labiosa*
分类地位	鲤形目 CYPRINIFORMES，鲤科 Cyprinidae
曾用学名	无
英 文 名	Huanghe Naked Carp
别　　名	小花鱼
保护级别	国家二级保护野生动物

物种介绍　体延长，稍侧扁，头锥形，吻突出。口下位，横裂；下颌长显著小于眼径，前缘有发达的角质，但较钝；下唇完整，肉质，表面光滑；唇后沟连续，但两侧深，中部浅，无须。背鳍最后不分支鳍条强壮，后缘每边有20余枚深刻锯齿，但末端光滑。尾鳍叉形。体几乎完全裸露而无鳞，仅在肩带部分有2～4行不规则鳞片。臀鳞发达，每侧18～24枚，身体背侧灰褐色或青灰色，腹侧银白色，体侧杂有黑色点状或环状斑纹，鳍浅灰色。主要以着生硅藻和昆虫为食。每年5月产卵，体长200毫米左右的成熟雌鱼怀卵2 700粒左右，卵黄色，黏性。

地理分布　在我国青海省境内的黄河龙羊峡上游呈不连续分布，主要分布在干流扎陵湖、羊曲、班多、支流泽曲河。

吕彬彬 供图

42. 极边扁咽齿鱼

学　　名	*Platypharodon extremus*
分类地位	鲤形目 CYPRINIFORMES，鲤科 Cyprinidae
曾用学名	无
英 文 名	Wide-tooth Schizothoracin
别　　名	鳇鱼
保护级别	国家二级保护野生动物（仅限野外种群）

物种介绍　体长，侧扁，体背隆起，腹部平坦。头锥形。吻钝圆。口下位，横裂；下颌具锐利发达的角质前缘。上唇宽厚，下唇细狭。无须。体裸露无鳞，仅具臀鳞；肩带处鳞片消失或仅留痕迹；侧线鳞不明显。背鳍刺强，具深锯齿，背、腹鳍起点相对；臀鳍位后；尾柄短。体背侧黄褐色或青褐色，腹部浅黄色或灰白色。腹、臀鳍浅黄色，背、尾鳍青灰色。是青藏高原特有的淡水鱼类，生活在海拔 3 000 米以上的高原河流中，栖息环境为水底多砾石、水质清澈的缓流或静水水体，常喜在草甸下穴居。属于冷水性的底栖杂食性鱼类。繁殖期在 5—6 月。

地理分布　我国分布于黄河上游干流及其附属支流中。

康斌 供图

43. 细鳞裂腹鱼

学　　名	*Schizothorax chongi*
分类地位	鲤形目 CYPRINIFORMES，鲤科 Cyprinidae
曾用学名	*Oreinus chongi*
英 文 名	无
别　　名	无
保护级别	国家二级保护野生动物（仅限野外种群）

物种介绍　体较长，侧扁，背部隆起；头锥形。口下位，横裂或略呈弧形；下颌前缘有锐利的角质；下唇完整，表面有乳突；唇后沟连续；须2对，后须稍长，其长度稍大于眼径，前须末端到达后须基部或延至眼球中部的下方，后须末端接近或达到眼球后缘的下方。胸部自鳃峡以后有较明显的鳞片。鳃膜与鳃峡相连。背鳍外缘内凹，背鳍刺强，其后缘每侧有18～31枚深的锯齿，背鳍起点至吻端距离稍大于至尾鳍基部的距离。背鳍刺粗壮，侧扁，其后侧缘的下2/3～5/7的部分每侧有18～31枚深的锯齿；背鳍起点至吻端距离稍大于至尾鳍基部的距离。腹鳍基部起点与背鳍起点相对或稍前。身体背部青灰色，腹侧银白色，尾鳍带红色；个别体侧有小斑点。

地理分布　我国分布于金沙江中下游等。

田树魁 供图

44. 巨须裂腹鱼

学　　名	*Schizothorax macropogon*
分类地位	鲤形目 CYPRINIFORMES，鲤科 Cyprinidae
曾用学名	无
英 文 名	无
别　　名	巨须弓鱼
保护级别	国家二级保护野生动物

物种介绍　体延长，稍侧扁，头锥形。口下位，弧形，下颌前缘具有不锐利的角质；下唇分左右两叶，无中间叶，唇后沟中断。须2对，较长，前须末端达鳃盖骨前部，后须末端达主鳃盖骨后部。体被细鳞。背鳍最后1枚不分支鳍条为硬刺，其后缘锯齿深刻，背鳍起点到吻端的距离大于到尾鳍基部的距离；腹鳍基部起点位于背鳍起点的前下方。侧线完全。体背和体侧青黑色，腹部浅黄色，体侧少数有黑褐色暗斑。主食底栖无脊椎动物，也兼食着生藻类。繁殖期5—6月。

地理分布　我国分布于雅鲁藏布江中游。

45. 重口裂腹鱼

学　　名	*Schizothorax davidi*
分类地位	鲤形目 CYPRINIFORMES，鲤科 Cyprinidae
曾用学名	*Paratylognathus davidi*
英 文 名	无
别　　名	重口细鳞鱼、雅鱼、重口、重唇细鳞鱼
保护级别	国家二级保护野生动物（仅限野外种群）

物种介绍　体延长，侧扁，头呈锥形，吻端圆钝。口下位呈弧形，下颌内侧具有较薄的角质，不锐利；下唇发达，分为左右两叶，表面光滑或具有纵行皱褶；须2对，较粗。眼中等大，位于头部两侧中线上方。背鳍外缘内凹；胸鳍外缘平截；臀鳍起点接近肛门；尾鳍叉形，末端稍尖。喜居于底质为泥或砂的有水流的峡谷河流，适宜生长温度为5～27℃，最佳生长温度为25℃。主动摄食，杂食性鱼类，主食水生昆虫、昆虫幼体，也食小型鱼虾类及藻类和高等植物碎片。雄性4龄成熟，雌性6龄成熟，怀卵量1万粒/千克左右，繁殖季节在8—9月，秋分前后是产卵盛期，喜产于水流较湍急的砾石河底。

地理分布　我国分布于长江干流、岷江水系及嘉陵江水系的渠江、金沙江干流、乌江支流等中上游的峡谷急流河段中。

喻燚 摄

46. 拉萨裂腹鱼

学　　名	*Schizothorax waltoni*
分类地位	鲤形目CYPRINIFORMES，鲤科Cyprinidae
曾用学名	无
英 文 名	无
别　　名	拉莎弓鱼
保护级别	国家二级保护野生动物（仅限野外种群）
物种介绍	体修长，稍侧扁。头长，吻尖。口下位，呈马蹄形。下颌角质不形成锐利前缘，唇发达，下唇分左右两叶；下唇与下颌之间有一条明显的凹沟。唇后沟连续。须2对，口角须稍长，其长度大于眼径。自鳃峡后的胸腹部具细鳞，体后部鳞片排列整齐，且较体前部为大。背鳍末根不分支鳍条粗硬，具发达锯齿，背鳍起点至吻端的距离大于至尾鳍基部的距离。背部黄褐色，腹部浅黄色，体侧具有许多不规则的黑色斑点。主食底栖无脊椎动物，兼食着生藻类。繁殖期3—4月。
地理分布	我国分布于雅鲁藏布江中上游。

李雷 摄

47. 塔里木裂腹鱼

学　　名	*Schizothorax biddulphi*
分类地位	鲤形目 CYPRINIFORMES，鲤科 Cyprinidae
曾用学名	无
英 文 名	Tarim Schizothoracin
别　　名	尖嘴鱼、塔里木弓鱼、新疆鱼
保护级别	国家二级保护野生动物（仅限野外种群）
物种介绍	体长，略侧扁，体背稍隆起，腹部圆。头小，锥形。吻尖。口亚下位，近马蹄形。唇光滑，下颌内侧稍具角质。下唇特别细狭，分为左右两叶。须2对，等长或口角须稍长，其长度约等于眼径。眼小。鳞细小，胸部裸露，腹部具臀鳞2行。背鳍硬刺发达，后缘有锯齿，背、腹鳍起点相对；尾鳍叶端稍圆。体背蓝灰色，腹部银白色，胸、腹、臀鳍浅黄色，尾鳍浅红色。主食底栖无脊椎动物、着生藻类和植物碎屑。繁殖期5—6月。
地理分布	我国分布于新疆塔里木河水系。

霍堂斌 摄

48. 大理裂腹鱼

学　　名　*Schizothorax taliensis*

分类地位　鲤形目CYPRINIFORMES，鲤科Cyprinidae

曾用学名　无

英 文 名　Dali Schizothoracin

别　　名　弓鱼、竿鱼

保护级别　国家二级保护野生动物（仅限野外种群）

物种介绍　体细长稍侧扁。头小，略呈锥形。吻稍尖。口端位，口裂深而上斜，呈马蹄形。上下颌约等长，下颌内侧微具角质，不形成锐利角质前缘；下唇细狭，分左右两叶，表面光滑无乳突，唇后沟中断。须2对，极微小。眼大，侧上位。体被细鳞，排列不整齐。臀鳞甚大。自峡部后至胸腹部裸露无鳞。侧线完全，近直形。背鳍末根不分支鳍条弱，其后缘每侧具细齿12 ～ 25枚。腹鳍起点与背鳍起点相对。肛门紧位于臀鳍起点之前。胸鳍末端伸达或略超过胸鳍起点至腹鳍起点之间距离的1/2处。尾鳍叉形。体背部浅褐色或黄褐色，腹部灰白色或略带淡黄色；生殖期雌鱼肛门处特别膨大，带淡红色，臀鳍长且肥厚；雄鱼吻部出现发达的珠星。

地理分布　仅分布于我国云南大理的洱海及其通湖的支流。

田树魁 摄

49. 扁吻鱼

学　　名　*Aspiorhynchus laticeps*

分类地位　鲤形目 CYPRINIFORMES，鲤科 Cyprinidae

曾用学名　无

英 文 名　Big-head Schizothoracin，Tarim Bighead-highland Carp

别　　名　大头鱼、老虎鱼、虎鱼、南疆大头鱼

保护级别　国家一级保护野生动物

物种介绍　体长，稍侧扁。头大，吻平扁，呈楔形。口宽大，前位。上颌长于下颌，无角质缘。须1对。眼小，近吻端。侧线完全。身被细鳞，臀鳞发达，靠近肛门。胸部裸露无鳞。背鳍有很强的硬刺，其起点至吻端距离大于至尾鳍基距离。腹鳍起点位于背鳍起点的下方或稍后方。尾鳍叉形。体背为青灰色，腹部为银白色，每个鳍均呈浅橙红色，体表具不规则黑褐色斑点。主食鱼类。繁殖期4—5月。

地理分布　为我国新疆塔里木盆地特有的鱼类，仅分布于海拔800～1 200米的塔里木河水系。

霍堂斌 摄

50. 厚唇裸重唇鱼

学　　名	*Gymnodiptychus pachycheilus*
分类地位	鲤形目 CYPRINIFORMES，鲤科 Cyprinidae
曾用学名	无
英文名	无
别　　名	厚唇重唇鱼、麻花鱼、石花鱼、翻嘴鱼
保护级别	国家二级保护野生动物（仅限野外种群）

物种介绍　体修长，尾柄细圆。吻突出。口下位，马蹄形。下颌无锐利角质边缘。唇发达，肥厚多肉。下唇分左、右叶，其表面具明显皱褶，无中间叶。口角须 1 对，稍长于眼径，末端伸达眼后缘下方。体裸露无鳞，仅在肩部有 2 ~ 4 行不规则鳞片。臀鳞发达。侧线完全。体背部和头顶部黄褐色或灰褐色，较均匀地分布着黑褐色斑点或圆斑。侧线下方有少数斑点；腹部灰白色，无斑点；背鳍浅灰色，尾鳍略带红色，其上布有小斑点。为高原冷水性大型鱼类，生活在宽谷江河中，有时也进入附属湖泊，每年河水开冰后即逆河产卵。主要以底栖动物、石蛾、摇蚊幼虫和其他水生昆虫及桡足类、钩虾为食，也摄食水生植物枝叶和藻类。性成熟较慢，4 龄左右开始成熟；性成熟雄鱼的吻部、臀鳍和背鳍具白色珠星。

地理分布　我国分布于黄河水系和长江上游的金沙江上游及雅砻江中下游。

罗刚 供图

51. 斑重唇鱼

学　名 *Diptychus maculatus*

分类地位　鲤形目 CYPRINIFORMES，鲤科 Cyprinidae

曾用学名　无

英文名　River Trout，Scaled Osman

别　名　黄瓜鱼

保护级别　国家二级保护野生动物

物种介绍　体延长，略呈圆筒形。吻圆钝，突出于上颌之前。口下位。下颌略呈弧形，其前缘形成锐利角质缘。下唇分左、右两侧叶，表面具乳突。颌须1对，其长度约等于眼径。眼小，侧上位。背鳍末根不分支鳍条柔软，后缘光滑无锯齿。腹鳍起点与背鳍第五或第六根分支鳍条之基部相对；胸鳍较短。体被细鳞，胸腹裸露无鳞。身体背侧青灰色，腹部银白色或淡黄色，头部、体背侧及背、尾鳍上分布有黑斑，侧线下有1～2条暗色纵带。主食底栖无脊椎动物和着生藻类。繁殖期5—9月。

地理分布　我国主要分布于新疆维吾尔自治区。国外分布于哈萨克斯坦、吉尔吉斯斯坦、塔吉克斯坦、巴基斯坦、印度和尼泊尔。

霍堂斌 摄

52. 尖裸鲤

学　　名	*Oxygymnocypris stewartii*
分类地位	鲤形目 CYPRINIFORMES，鲤科 Cyprinidae
曾用学名	*Schizopygopsis stewartii*
英 文 名	Naked Schizothoracin
别　　名	斯氏裸鲤
保护级别	国家二级保护野生动物（仅限野外种群）

物种介绍　体修长，略侧扁。头锥形，吻部尖长。口大，端位。下颌稍短于上颌，无锐利角质。上唇较发达，分左、右两叶，下唇细狭；唇后沟中断。无须。背鳍刺粗壮，后缘具深锯齿，背鳍起点至吻端的距离远大于其至尾鳍基部的距离；腹鳍基部起点位于背鳍起点之前的下方。体背部青灰色，有暗斑，腹部银白色。头部、背部和体侧具不规则斑点。主食鱼类和底栖无脊椎动物。雄性成熟个体具有珠星。繁殖期3—4月。

地理分布　我国分布于雅鲁藏布江中上游及其主要支流。

李雷 摄

53. 大头鲤

学　名	*Cyprinus pellegrini*
分类地位	鲤形目 CYPRINIFORMES，鲤科 Cyprinidae
曾用学名	无
英文名	Barbless Carp
别　名	大头鱼、碌鱼
保护级别	国家二级保护野生动物（仅限野外种群）

物种介绍　体延长，侧扁，尾柄长而低。头大且宽，吻端圆钝，眼侧上位，眼间距宽且平，口大，端位，上下颌等长或下颌略长，下颌倾斜。唇薄，一般无须。背鳍与腹鳍起点相对或稍后，背鳍外缘明显内凹，尾鳍叉形。鳞大，腹鳍具较发达腋鳞，犁骨前部分叉呈"T"形。生活时背部青灰色，腹部银白色，体侧反射出黄绿色。背鳍灰黑色，胸鳍、腹鳍、臀鳍和尾鳍淡黄色。对恶劣环境的耐受力低，以浮游动物为主要食物，产卵期为4—9月。

地理分布　仅分布于我国云南星云湖、杞麓湖等水域。

田树魁 摄

54. 小鲤

学　　名	*Cyprinus micristius*
分类地位	鲤形目 CYPRINIFORMES，鲤科 Cyprinidae
曾用学名	无
英 文 名	Dianchi Carp
别　　名	菜呼、麻鱼、马边鱼、中鲤
保护级别	国家二级保护野生动物

物种介绍　体纺锤形，侧扁，背部隆起。头锥形，口端位，马蹄形，口裂略倾斜，唇发达，具微小乳突。须2对，吻须长大于口角须长的1/2。眼侧上位，鼻孔前凹陷。尾柄短于眼前缘至鳃盖后缘距离。背鳍与腹鳍起点相对或稍后，背鳍外缘微凹；胸鳍外角圆；尾鳍叉形。鳞大，腹鳍具较发达腋鳞。侧线完全，略下弯。生活时眼上部呈红色，背部青灰色，体侧及腹部淡黄色，背鳍和尾鳍灰绿色。多栖息于静水多水草的地区，为中下层杂食性鱼类。繁殖期在5—6月，喜在近湖边岸滩处产卵，成熟卵淡黄色。

地理分布　我国分布于云南省滇池。

鲸骑士 绘

55.抚仙鲤

| 学　　名 | *Cyprinus fuxianensis* |

学　　名 *Cyprinus fuxianensis*

分类地位 鲤形目 CYPRINIFORMES，鲤科 Cyprinidae

曾用学名 无

英 文 名 无

别　　名 无

保护级别 国家二级保护野生动物

物种介绍 体纺锤形，侧扁，背部隆起。口端位，马蹄形，口裂略倾斜，唇较发达，具微小乳突。须2对，口角须较吻须稍长。眼侧上位，鼻孔的前方有凹陷。尾柄长于眼前缘至鳃盖后缘距离。背鳍起点约与腹鳍起点相对，背鳍外缘微凹；胸鳍外角圆，与腹鳍起点相隔1～3个鳞片；尾鳍叉形。鳞较大，在腹鳍基有一较发达的腋鳞。侧线完全，略下弯。生活时眼上方黄色，背部褐色，体侧为浅黄绿色，腹部银白色。

地理分布 我国分布于云南省抚仙湖和星云湖。

潘晓赋 供图

56. 岩原鲤

学　　名	*Procypris rabaudi*
分类地位	鲤形目 CYPRINIFORMES，鲤科 Cyprinidae
曾用学名	*Cyprinus rabaudi*
英 文 名	Rock Carp
别　　名	岩鲤巴、岩鲤、鬼头鱼
保护级别	国家二级保护野生动物（仅限野外种群）

物种介绍　体长形，侧扁，背部隆起，腹部圆而平直。头短，近锥形。吻稍尖，吻长大于眼径，小于眼后头长。口亚下位，深弧形。唇发达，具乳突；吻须及口角须各1对，口角须略长于吻须。背鳍外缘平，背鳍、臀鳍具发达带强锯齿的硬刺；胸鳍长，末端达腹鳍起点；背鳍、腹鳍起点相对；尾鳍深分叉。体背侧深黑色，体侧具多条黑色细纵纹，鳍黑灰色。杂食性，主要摄食底栖动物，偶尔摄取少量的浮游动植物。常栖息于水流较缓、底多岩石的河流底层。冬季在河床的岩缝或深沱越冬，立春后溯水上游至各支流产卵。雄鱼3龄性成熟，雌鱼4龄性成熟。

地理分布　我国分布于长江中上游干支流，主要在云南金沙江永仁江段，四川乐山、贵州修文六广河等有零星分布。

罗刚 供图

57. 乌原鲤

学　　名	*Procypris merus*
分类地位	鲤形目 CYPRINIFORMES，鲤科 Cyprinidae
曾用学名	*Procypris merus*
英 文 名	Chinese-ink Carp
别　　名	乌鲤、乌钩、黑鲤、墨鲤
保护级别	国家二级保护野生动物

物种介绍　体侧扁，背部隆起甚高。头较小，吻较长，吻长大于或等于眼后头长。口端位，唇很厚，表面有许多明显而细小的乳头状突起。须2对，较长，颌须较吻须粗长。侧线微下弯，背鳍与臀鳍均具强壮的硬刺，其后缘呈锯齿形。背鳍外缘内凹，基底长，分支鳍条为16～18。胸鳍较长，末端达到或超过腹鳍起点。头部和体背部暗黑色，腹部银白色；每个鳞片的前部有一黑点，连成体侧明显的纵纹；各鳍为深黑色。约4龄性成熟，产卵期2—4月。江河中下层鱼类，多栖息于流水、底质为岩石的水体，亦能生活于流速较缓慢的水体底部。有短距离洄游习性，冬季产卵后溯江上游，洪水期向下游游动。食性杂，常以口向水底岩石表面吸食底栖动植物，以小型的螺蛳、蚌类、蚬类为主，也食少量的水生昆虫的幼虫、水蚯蚓和藻类。

地理分布　仅分布于我国珠江流域西江水域部分干流及支流。

施军 供图

58. 大鳞鲢

<table>
<tr><td>学　　名</td><td>*Hypophthalmichthys harmandi*</td></tr>
<tr><td>分类地位</td><td>鲤形目 CYPRINIFORMES，鲤科 Cyprinidae</td></tr>
<tr><td>曾用学名</td><td>无</td></tr>
<tr><td>英 文 名</td><td>无</td></tr>
<tr><td>别　　名</td><td>大鳞白鲢</td></tr>
<tr><td>保护级别</td><td>国家二级保护野生动物</td></tr>
</table>

物种介绍　外形似鲢。胸鳍基部前下方至肛门间有发达的腹棱。头长比体高小。口宽大，端位，没有须。鳞片比鲢大，侧线完全，前部向下弯曲，中后部逐渐平直。侧线鳞78～88，臀鳍分支鳍条15。身体呈银白色，背部灰褐色，胸鳍和腹鳍灰白色。多栖息于水流缓慢、水质较肥、浮游生物丰富的开阔水体。主要以浮游生物为食。雌鱼2龄性成熟，雄鱼比雌鱼早成熟1年，5—6月为繁殖期，有时延至8月中旬。

地理分布　我国分布于海南岛南渡江。国外分布于越南。

王熙 供图

59. 红唇薄鳅

学　　名	*Leptobotia rubrilabris*
分类地位	鲤形目 CYPRINIFORMES，鳅科 Cobitidae
曾用学名	*Parabotia rubrilabris*
英 文 名	无
别　　名	红针
保护级别	国家二级保护野生动物（仅限野外种群）

物种介绍　体延长，侧扁，尾柄高而侧扁。头长，呈锥形。吻较长。口小，下位，口裂呈马蹄形。颏部中央有1对发达的钮状突起。须3对。眼小，位于头的前半部。眼下刺粗壮、光滑。体被细鳞，胸、腹鳍基部有腋鳞。侧线完全。身体基色为棕黄色带褐色，体侧有不规则的棕黑色大小斑点。栖息在江河底层，个体不大，为杂食性鱼类。

地理分布　我国分布于长江上游干、支流。

邱宁 摄

60. 黄线薄鳅

学　　名	*Leptobotia flavolineata*
分类地位	鲤形目 CYPRINIFORMES，鳅科 Cobitidae
曾用学名	无
英 文 名	无
别　　名	牛尾巴、边瞎子
保护级别	国家二级保护野生动物

物种介绍　体长形，侧扁。须3对：2对吻须，1对口角须。眼小，侧上位。体被细鳞，颊部有鳞，侧线完全，较平直。背鳍约在吻端至尾鳍基的中点，外缘微突；胸鳍小，后缘钝圆，后伸远不达腹鳍起点；腹鳍起点约与背鳍起点相对，后伸不达肛门；臀鳍稍发达；尾鳍分叉，两叶尖钝圆。体背部棕灰色，头部自吻端向后具数条纵行线纹，体侧具11～12条棕灰色的垂直宽带纹，规则排列；背鳍和尾鳍具多条由细点组成的条纹。目前尚缺乏有关生活习性方面的研究。

地理分布　我国特有种，仅记录于北京拒马河（属海河流域）。

赵亚辉 供图

61. 长薄鳅

学 名	*Leptobotia elongata*
分类地位	鲤形目 CYPRINIFORMES，鳅科 Cobitidae
曾用学名	*Botia elongata*
英 文 名	Elongate Loach
别 名	花鳅、薄鳅
保护级别	国家二级保护野生动物（仅限野外种群）

物种介绍 体延长，侧扁，尾柄高而粗壮。头尖长，侧扁。口下位，口裂呈马蹄形。须3对。眼小，眼下刺不分叉。鳞片极细小。体浅灰褐色，体侧具垂直或不规则的深褐色长带状斑；头侧、鳃盖、背鳍、胸鳍及腹部黄褐色，背鳍和尾鳍有褐色条纹，胸鳍、腹鳍和臀鳍均为橙黄色。为偏动物食性的杂食性鱼，食谱较广，以摄食小鱼虾为主。喜栖息于江边水流较缓处的石砾缝间，常集群在水底沙砾间或岩石缝隙中活动。为河流型底层鱼类，江河涨水时有溯水上游习性。繁殖季节为4—6月。

地理分布 我国分布于长江中上游。

罗刚 供图

62. 无眼岭鳅

学　　名	*Oreonectes anophthalmus*
分类地位	鲤形目CYPRINIFORMES，条鳅科Nemacheilidae
曾用学名	无
英 文 名	Blind Loach
别　　名	无眼平鳅
保护级别	国家二级保护野生动物
物种介绍	体延长，前躯圆筒形，后躯略侧扁，前、后鼻孔分开一短距。无眼，口下位，弧形，唇光滑。须3对，外侧吻须最长。皮肤光滑，通体无鳞，无侧线孔。尾鳍后缘为圆弧形，具发达鳍褶。活体全身半透明，呈肉红色，内脏和脊柱红色，眼眶内充满脂肪，各鳍透明、无色。属于典型洞穴鱼类，生活于洞穴地下河中。
地理分布	我国分布于广西武鸣等地的地下河流中（属珠江流域）。

赵亚辉 供图

63. 拟鲇高原鳅

学　　名	*Triplophysa siluroides*
分类地位	鲤形目 CYPRINIFORMES，条鳅科 Nemacheilidae
曾用学名	*Nemachilus siluroides*
英 文 名	Catfish-like Loach
别　　名	花舌板头、拟鲇条鳅
保护级别	国家二级保护野生动物（仅限野外种群）

物种介绍　体粗壮，前端宽阔，稍平扁，后端近圆形，尾柄细圆。头大，平扁，背面观察呈三角形。口大，下位，弧形。唇无乳突，下颌匙状。须3对，吻须2对较短，口角须1对长。眼小。体无鳞，体表皮肤散布有短条状和乳突状的皮质突起。侧线平直。背鳍位于体中部，与腹鳍相对；尾鳍内凹，上叶稍长。体背侧黄褐色，腹部浅黄色，体背及体侧具黑褐色的圈纹和云斑，各鳍均具斑点。常潜伏于干流、大支流等水深湍急的砾石底质的河段，也栖息于冲积淤泥、多水草的缓流和静水水体，营底栖生活。常见个体体长150—480毫米，最大个体体长482毫米。

地理分布　我国分布于甘肃靖远到青海贵德一带的黄河上游干支流及其附属湖泊。

喻焱 摄

64. 湘西盲高原鳅

学　　名	*Triplophysa xiangxiensis*
分类地位	鲤形目CYPRINIFORMES，条鳅科Nemacheilidae
曾用学名	*Noemacheilus xiangxiensis*，*Schistura xiangxiensis*
英 文 名	无
别　　名	湘西盲条鳅，湘西盲南鳅
保护级别	国家二级保护野生动物

物种介绍 体延长，裸露无鳞，在自然光照条件下，身体半透明显粉红色，可清晰观察到其内脏器官。眼窝为疏松的脂肪所充满，无眼，可见眼眶痕迹。鼻瓣发达，突出，呈卵圆形。须3对，其中颌须1对，吻须2对。口下位，弧形，上下唇发达，边缘光滑，无任何乳状突起。尾鳍浅分叉，两叶末端尖，尾柄上下均无软鳍褶。肛门靠近臀鳍起点。胸、腹鳍显著延长，胸鳍近体长的1/3。典型洞穴鱼类，终生营洞穴生活。

地理分布 我国分布于湖南省龙山县等地的地下河中（属长江流域）。

赵亚辉 供图

65. 小头高原鳅

学　　名	*Triplophysa minuta*
分类地位	鲤形目 CYPRINIFORMES，条鳅科 Nemacheilidae
曾用学名	*Nemachilus minutus*
英文名	无
别　　名	小体条鳅、小体高原鳅
保护级别	国家二级保护野生动物

物种介绍　体延长，前部粗圆，后部侧扁。头似三角形，平扁，头宽大于头高。吻长小于眼后头长，约与眼间距相等。前、后鼻孔稍分开，前鼻孔有一管状皮突。雄性在眼与鼻孔间的下方有一三角形的隆突。口下位。须3对，前吻须后延超过口角，后吻须后延达眼后缘的下方；角须后延达主鳃盖骨的前缘，其长度基本与后吻须等长。无鳞，体表光滑。侧线仅至胸鳍的末端上方。体为灰褐色，背及两侧上方各有一条小黑点组成的横纹，色较淡。小型鱼类，栖息于砂砾底质的河段、沟渠缓流处。

地理分布　我国分布于新疆北部的托克逊、乌鲁木齐、米泉、精河、博乐、温泉和乌尔禾等地的河沟和浅水溪流地区。

赵亚辉　供图

66. 厚唇原吸鳅

学　　名	*Protomyzon pachychilus*
分类地位	鲤形目 CYPRINIFORMES，爬鳅科 Balitoridae
曾用学名	*Protomyzon pachychilus*
英 文 名	Panda Loach
别　　名	熊猫鱼、熊猫鲨、金带熊猫爬岩鳅
保护级别	国家二级保护野生动物

物种介绍　体较细长，圆筒形，尾柄稍侧扁。头稍低平，吻端圆钝，边缘较薄。吻长大于眼后头长。口下位，弧形。唇肉质，较肥厚，上唇表面不具乳突；下唇肥大而突出，上、下唇在口角处相连。下颌外露。上唇与吻端之间具吻沟，延伸到口角。有2对小吻须。眼较小。鳞细小，头背部及腹鳍腋部之前的腹面无鳞。侧线完全，自体侧中部平直地延伸到尾鳍基部。生活在具有清泉的山涧小溪中，常匍匐在水底岩石上栖息。以附生于石上的固着藻类为食。因其幼体有黑白相间的斑纹，故被称为"熊猫鱼"。

地理分布　我国分布于珠江流域的大瑶山山溪。

67. 斑鱯

学　名	*Hemibagrus guttatus*
分类地位	鲇形目 SILURIFORMES，鲿科 Bagridae
曾用学名	*Pimelodus guttatus*
英文名	无
别　名	白须鳅、白鲢
保护级别	国家二级保护野生动物（仅限野外种群）

物种介绍　体延长，背部微隆起；头宽扁；吻宽；眼侧上位，椭圆形；口大，亚下位，浅弧形横裂；鼻须细；颌须位于前鼻孔上方，甚长；外侧颏须超过鳃盖膜，内侧颏须短。侧线平直，背鳍外缘凸出，胸鳍水平呈三角形，臀鳍外缘凸出，尾鳍深叉，末端钝圆。背部灰黑色，腹部灰白色，体侧具不规则黑斑。以小型水生动物为食，春季产卵。

地理分布　我国分布于珠江、元江、九龙江、韩江、钱塘江等水系。国外分布于老挝和越南。

林永晟 摄

68.昆明鲇

学　　名 *Silurus mento*

分类地位 鲇形目SILURIFORMES，鲇科Siluridae

曾用学名 无

英 文 名 Kunming Catfish

别　　名 鲇鱼

保护级别 国家二级保护野生动物

物种介绍 体延长，背缘平直，前躯短，后躯长而侧扁。头宽钝，向前纵扁，吻圆钝。眼小，腹视不可见，位于头的前半部。口宽大，口上位，下颌突出于上颌。须2对，颌须短，最多达胸鳍基部，颏须较细。背鳍很小，臀鳍基很长，胸鳍钝圆，腹鳍小，尾鳍斜截或略凹，侧线平直，外观呈灰白色的稀疏点线。生活时体呈青灰色，有时有云纹斑，腹部乳白色。栖息于湖岸多水草处，肉食性。

地理分布 我国分布于云南省滇池。

鲸骑士 绘

69. 长丝䰾

| 学　　名 | *Pangasius sanitwongsei* |

学　　名　*Pangasius sanitwongsei*

分类地位　鲇形目 SILURIFORMES，䰾科 Pangasiidae

曾用学名　无

英 文 名　Chao Phraya Giant Catfish，Dog-eating Catfish，Giant Pangasius，Giant Pangasius

别　　名　无

保护级别　国家一级保护野生动物

物种介绍　体延长，背腹缘凸度相似；背鳍起点最高，腹部宽圆。眼位稍低。鼻孔近吻端。口较宽，口裂不达眼下方；上颌略突出。须2对。侧线直线形，前、中部稍高。背鳍尖刀状，位于胸、腹鳍基中间背侧，硬刺锯齿弱且上部呈长丝状。臀鳍下缘斜凹形，在所有大小的个体中，最前端的几条臀鳍鳍棘上都有黑色的尖端。胸鳍很低，硬刺亦突出呈丝状。腹鳍第一鳍条突出。背侧黄褐色，下侧银白色。鳍灰色。体长最长为300厘米，最大体重为300千克。栖息于较大的主河道，幼鱼常被发现于支流中。大型肉食性鱼类，主要以鱼类和甲壳类动物为食。在雨季来临之前产卵，幼鱼在6月中旬会长到10厘米左右。

地理分布　我国分布于澜沧江下游水系。国外分布于湄南河和湄公河。

陈江源 摄

70. 金氏鉠

学　　名	*Liobagrus kingi*
分类地位	鲇形目 SILURIFORMES，钝头鮠科 Amblycipitidae
曾用学名	无
英 文 名	King's Bullhead
别　　名	无
保护级别	国家二级保护野生动物

物种介绍　体长形，背缘拱形，吻端后上斜，背鳍后下斜，头部纵扁，吻端平直。鼻孔短管状，鼻孔朝前；后鼻孔开孔小于前鼻孔。眼小，背位，眼缘模糊；口大，端位，横裂；前颌齿带为整块状，下颌齿带为弯月形，腭骨无齿。具4对发达须（鼻须、颌须、外侧颏须、内侧颏须）。背鳍外缘微凸；臀鳍外缘圆凸；胸鳍具短刺，顶端尖，前缘光滑，后缘圆凸，且基部有毒腺；尾鳍圆形。全身棕灰色，散有不规则的褐色小点，生活于多石的流水环境。

地理分布　我国分布于长江水系上游。

鲸骑士 绘

71. 长丝黑䱀

学　　名	*Gagata dolichonema*
分类地位	鲇形目SILURIFORMES，䱀科Sisoridae
曾用学名	无
英 文 名	Blackfin Sisorid-catfish
别　　名	无
保护级别	国家二级保护野生动物

物种介绍 体长形，侧扁，背侧窄而头躯腹面宽平。头侧扁，骨嵴被薄皮。吻钝，较眼径长。眼大。鼻孔间有短须；上颌须达胸鳍基且内缘具皮膜。唇后有横列的4根下颌须。鳃孔达头腹面，鳃膜连鳃峡。口横裂，下位。齿绒状，腭骨无齿。唇有穗突。侧线前段高，体无鳞。背鳍条较头长，有脂鳍，胸鳍位低，尾鳍叉状。为生活于山溪底层的小型鱼类，喜以头躯腹面隐伏于水底岩石表面。

地理分布 我国分布于云南怒江水系。国外分布于印度、缅甸和泰国。

林峰 摄

72.青石爬鮡

学　　名	*Euchiloglanis davidi*
分类地位	鲇形目SILURIFORMES，鮡科Sisoridae
曾用学名	无
英 文 名	Catfish
别　　名	达氏石爬鮡
保护级别	国家二级保护野生动物

物种介绍　体延长，前躯扁平，后部逐渐侧扁，胸腹部平坦。头宽阔，背面弧形。吻较长，前端圆，向前突出。口下位，横裂状，周围有许多小乳突。须4对。眼小，背鳍短小，具有脂鳍。体表裸露无鳞，身体青灰色，背部色深，腹部黄白色。喜流水、多石河段，常贴附于石上，主要以水生昆虫及底栖动物为食。繁殖季节6—7月，怀卵量150 ~ 500粒，成熟卵呈黄色。常在急流多石的河滩上产卵。

地理分布　我国分布于长江上游。

邱宁 摄

73. 黑斑原鮡

学　　名 *Glyptosternum maculatum*

分类地位 鲇形目 SILURIFORMES，鮡科 Sisoridae

曾用学名 *Parexostoma maculatum*

英 文 名 无

别　　名 帕里尼阿（藏语译音）

保护级别 国家二级保护野生动物

物种介绍 体延长，头部和前躯平扁，后躯侧扁。眼小，上位。口下位，宽大，弧形。上、下颌具齿带，上颌齿带弧形；下颌齿带中间断裂，分成2块。鳃孔大。须4对，鼻须生于两鼻孔之间，后达眼径或超过眼前缘；上颌须后伸不超过胸鳍基部起点；外颌须后伸达鳃颊或接近胸鳍起点。胸部及鳃颊部有结节状乳突。体表无鳞，侧线不明显。背鳍短，其不分支鳍条腹面有细纹皮褶；脂鳍低；胸鳍圆，其后缘略超过背鳍起点；腹鳍和胸鳍均有横纹状皮褶，腹鳍末端不达臀鳍；臀鳍短；尾鳍截形。背部和体侧黄绿色或灰绿色，腹部黄白色，体侧有明显的斑块分布。主食底栖无脊椎动物。3—5月繁殖。

地理分布 我国分布于雅鲁藏布江中上游。国外分布于印度的布拉马普特拉河水系。

刘海平 摄

74. 鿁

学　　名	*Bagarius bagarius*
分类地位	鲇形目SILURIFORMES，鮡科 Sisoridae
曾用学名	*Bagarius buchanani*
英 文 名	Bagarid Catfish，Dwarf Goonch，Freshwater Shark
别　　名	面瓜鱼
保护级别	国家二级保护野生动物
物种介绍	体延长，头部和前躯粗大平扁，尾柄呈棍圆状，腹面平直。头宽大，前端楔形；吻端圆；眼位于头的背面，椭圆形；鼻孔靠近吻端，鼻须甚短；齿尖锥形。颌须发达，宽扁；颏须纤细。背鳍末端柔软，延长成丝；胸鳍硬刺后缘带弱齿，刺端延长成丝；尾鳍深分叉，上下叶末端延长成丝。头部背面及体表布满纵向崤突，胸腹面光滑。生活时全身灰黄色，在背鳍基后方、脂鳍基下方及尾鳍基前上方各有一大块灰黑色鞍状斑，两侧向下延伸超过侧线，偶鳍背面及尾鳍散有黑色斑点。主要栖息于大江河干流，为底栖鱼类。
地理分布	我国分布于澜沧江。国外分布于恒河、湄公河与湄南河水系。

陈小勇 摄

75. 红魟

学　　名　*Bagarius rutilus*

分类地位　鲇形目 SILURIFORMES，鲱科 Sisoridae

曾用学名　无

英 文 名　Goonch

别　　名　无

保护级别　国家二级保护野生动物

物种介绍　体延长，头部和前躯粗大平扁，尾柄呈棍圆状，腹面平直。头宽大，前端楔形；吻端圆；眼位头的背面，椭圆形，鼻孔靠近吻端，鼻须甚短，齿尖锥形。颌须发达，宽扁；颏须纤细。背鳍末端柔软，延长成丝；胸鳍硬刺后缘带弱齿，刺端延长成丝；尾鳍深分叉，上、下叶末端延长成丝。头部背面及体表布满纵向嵴突，胸腹面光滑。生活时全身灰黄色，在背鳍基后方、脂鳍基下方及尾鳍基前上方各有一大块灰黑色鞍状斑，两侧向下延伸超过侧线，偶鳍背面及尾鳍散有黑色斑点。主要栖息于大江河干流，为底栖鱼类。

地理分布　我国分布于元江、李仙江。国外分布于老挝南马河、越南红河等。

田树魁 摄

76. 巨鮡

学　　名	*Bagarius yarrelli*
分类地位	鲇形目 SILURIFORMES，鮡科 Sisoridae
曾用学名	*Bagrus yarrelli*
英 文 名	Goonch
别　　名	老鹰坦克
保护级别	国家二级保护野生动物

物种介绍　体较延长，头部和前躯特别粗大，平扁，尾柄呈棍圆状，腹面平直。头宽大，前端梭形；吻端圆；眼位头的背面，呈椭圆形；鼻孔近吻端，后鼻孔呈短管，鼻须甚短。齿尖锥形。颌须发达，宽扁；颏须纤细。背鳍末端柔软，延长成丝；胸鳍硬刺后缘带弱齿，刺端延长成丝；尾鳍深分叉，上、下叶末端延长成丝。头部背面及体表布满纵向嵴突，胸腹面光滑。生活时全身灰黄色，在背鳍基后方、脂鳍基下方及尾绪基前上方各有一大块灰黑色鞍状斑，背鳍、臀鳍和尾鳍各有界线不明的斑纹。喜栖息于江河干流，常伏卧在流水滩觅食，以小鱼为主食。

地理分布　我国分布于云南省怒江、澜沧江诸水系。国外分布于印度河、恒河、湄公河等水系。

罗刚 供图

77. 细鳞鲑属所有种

〜〜〜〜〜〜〜〜〜〜〜〜〜〜〜

学　　名	*Brachymystax* spp.
分类地位	鲑形目 SALMONIFORMES，鲑科 Salmonidae
曾用学名	无
英 文 名	Lenoks，Asiatic Trout，Manchurian Trout
别　　名	闾鱼、金板鱼、花鱼
保护级别	国家二级保护野生动物（仅限野外种群）

物种介绍　体长梭形、稍侧扁，吻钝。眼大；两鼻孔临近，位吻侧中部。背鳍短，外缘微凹脂鳍小；脂鳍位于臀鳍后段上方；臀鳍亦短；胸鳍侧下位，尖刀状；腹鳍始于背鳍基中部下方，不达肛门；鳍基有一长腋鳞；尾鳍叉状。体色因栖息水域不同而异，体背及两侧散布有长椭圆形黑斑。体被细鳞，头部无鳞。侧线完全。冷水性鱼类，多栖息于水温较低、水质清澈的流水中。肉食性，喜食落入水中的昆虫，也食小鱼、蛙、螯虾、鼠以及植物。性成熟时间为 3 ～ 5 冬龄。自然条件下产卵期在 4 月中旬至 6 月初春，由河川中游溯河向上游进行产卵洄游。秋季结冰前 (8 月以后) 则从上游溪流顺水向大江或河川迁移。

地理分布　我国分布于黑龙江流域、绥芬河、图们江、鸭绿江、浑河、太子河、潮河、滦河、额尔齐斯河，以及秦岭山区渭河及其支流上游、汉水支流湑水河和太白河等上游。国外分布于俄罗斯、蒙古国、朝鲜等。

赵亚辉 供图

78. 川陕哲罗鲑

〰〰〰〰〰〰〰

学　　名	*Hucho bleekeri*
分类地位	鲑形目SALMONIFORMES，鲑科Salmonidae
曾用学名	无
英 文 名	Sichuan Taiman
别　　名	虎嘉鲑、虎加鱼、虎鱼、猫鱼、虎嘉哲罗鱼
保护级别	国家二级保护野生动物

物种介绍　体长椭圆形，略侧扁。头部较宽大。吻尖，口大。眼较大。前上颌骨、上颌骨、犁骨和舌上均有齿。脂鳍与臀鳍相对。鳞小，侧线鳞125～152，侧线平直。个体较大，体长40～50厘米。背部深灰色，腹部银白色，体侧和鳃盖上分布有"十"字形小斑纹。栖息于砾石或砂石底质，海拔700～1 200米的山麓溪流。性格活泼。为凶猛肉食性鱼类。以鱼类、水生昆虫等为食。有筑窝产卵的习性。

地理分布　我国特有种。主要分布于川西北岷江上游，沿大渡河中上游达青海省境内，秦岭南麓汉江上游支流等水系。

鲸骑士　绘

79. 哲罗鲑

学　名	*Hucho taimen*
分类地位	鲑形目 SALMONIFORMES，鲑科 Salmonidae
曾用学名	*Salmo taimen*
英文名	Taimen
别　名	哲绿鱼
保护级别	国家二级保护野生动物（仅限野外种群）

物种介绍　体长形，略侧扁。头部略扁平，吻尖，口端位，口裂大，超过眼后缘。上颌骨明显、游离，其末端延伸达眼后缘之后。脂鳍较发达。鳞细小，椭圆形，鳞上环片排列极为清晰，侧线完全。头部、体侧和鳃盖有分散排列的暗黑色小"十"字形斑点。体型较大。体背部苍青色，腹部银白色。生殖期雌、雄鱼体均出现婚姻色，体背部为棕褐色，腹鳍及尾鳍下叶为橙红色，雄鱼更为明显。冷水性淡水凶猛鱼类，捕食其他鱼类和水中活动的蛇、蛙、鼠类和水鸟等。5龄达到性成熟。

地理分布　我国分布于黑龙江、乌苏里江、额尔齐斯河等水系。国外分布于蒙古国、俄罗斯等。

霍堂斌 供图

80. 石川氏哲罗鲑

学　　名	*Hucho ishikawai*
分类地位	鲑形目 SALMONIFORMES，鲑科 Salmonidae
曾用学名	无
英 文 名	无
别　　名	无
保护级别	国家二级保护野生动物

物种介绍 体长形，侧扁。口端位，口裂大，超过眼后缘。具脂鳍。犁骨齿和腭骨齿连续排成一列，呈弧形。鳞小，侧线完全，鳃耙10～16，幽门盲囊65～250。背鳍青褐色，体侧和腹部银白色，头部和体侧密布黑色小斑点。幼鱼体侧横向有8～9条暗色斑纹。冷水性鱼类，产卵前逆水溯游，是凶猛的肉食性鱼类。5龄性成熟，繁殖季节5—6月。受精卵呈淡黄色，沉性卵，卵径5.3～7.2毫米。繁殖方式属于水底部产卵型。亲鱼将卵产在水底部，受精卵被掩藏在石砾间或砂砾下发育。

地理分布 我国分布于鸭绿江上游。国外分布于朝鲜。

鲸骑士 绘

81. 花羔红点鲑

学　　名　*Salvelinus malma*

分类地位　鲑形目 SALMONIFORMES，鲑科 Salmonidae

曾用学名　无

英 文 名　Bull Trout，Dolly Varden，Dolly Varden Char，Pacific Brook Char

别　　名　花里羔子

保护级别　国家二级保护野生动物（仅限野外种群）

物种介绍　体长，侧扁，头后背部较隆起；口端位，口裂大，延至眼后缘。上、下颌有绒毛状齿；背鳍位于正中偏前，胸鳍宽大。幼体尾鳍分叉较深，成体分叉较浅，有脂鳍。鳞片细小。背部土黄色或蓝灰色，腹部及体侧下部浅橙色，略有白色。体侧有小的橙色斑点，体背部有散状白色斑点。背鳍、尾鳍呈灰黑色，胸鳍、臀鳍及尾鳍下叶边缘呈橙色，胸鳍及臀鳍前缘呈乳白色。一般2龄以上达到性成熟；繁殖季节9—10月；卵为橙红色，沉性。栖息水温为0.2 ~ 15℃，生长适宜水温为5 ~ 13℃。以摄食双翅目水生昆虫为主。

地理分布　我国分布于鸭绿江、图们江及绥芬河的上游或支流。国外分布于北欧、俄罗斯（远东地区）、日本和朝鲜。

张永泉 供图

82. 马苏大马哈鱼

学　名	*Oncorhynchus masou*
分类地位	鲑形目 SALMONIFORMES，鲑科 Salmonidae
曾用学名	*Salmo masou*
英 文 名	Cherry Salmon
别　名	马苏大麻哈鱼
保护级别	国家二级保护野生动物

物种介绍 体延长，纺锤形，侧扁。口端位，口裂大，可达眼睛后缘下方。雄鱼口裂更大，上、下颌稍呈钩形。体鳞细小，圆形。背鳍稍后方有一脂鳍。背部黑青绿色，腹部银白，体侧中央有9个椭圆形云纹斑点，侧线上方散布很多小黑点。陆封性鱼类。多在海拔600米以上的山溪中生活。

地理分布 我国分布于东北部的绥芬河、图们江中上游。国外分布于朝鲜、日本和俄罗斯。

郑伟 供图

83. 北鲑

学　　名	*Stenodus leucichthys*
分类地位	鲑形目SALMONIFORMES，鲑科Salmonidae
曾用学名	无
英　文　名	Beloribitsa，Connie，Lnconnu，Sheefish
别　　名	大白鱼、长颌白鲑
保护级别	国家二级保护野生动物

物种介绍 体长形，侧扁。尾柄短小。眼前缘有脂眼睑。下颌略长于上颌。上颌骨后端达瞳孔后缘下方。鼻孔位于眼的前方，距眼近，前鼻孔较大。鳃孔侧位。体被较大圆鳞，胸部鳞较小。侧线侧中位，完全。脂鳍较小。臀鳍基末端与脂鳍末端约相对，下缘微凹；胸鳍侧位，很低；腹鳍起点与背鳍起点约相对；尾鳍叉形。背部灰色，体侧较淡，腹部银白色。有河川型和半洄游型两个生态型。分布于我国新疆额尔齐斯河下游的种群属河川型，终生生活于河川，高龄鱼多生活于上游河段，低龄鱼多聚集于下游河段。而半洄游型（河口型）北鲑在冰封期期间在河口处越冬，河水解冻后，进入江河中。

地理分布 我国分布于新疆额尔齐斯河下游。国外分布于西北欧往东至北美马更些河等邻北冰洋水系。

鲸骑士 绘

84. 北极茴鱼

学　　名	*Thymallus arcticus*
分类地位	鲑形目SALMONIFORMES，鲑科Salmonidae
曾用学名	无
英 文 名	American Grayling，Arctic Grayling，Arctic Trout，Bluefish，

West Siberian Grayling

别　　名	花棒鱼、金鲫鱼、黑红鱼、斑鳟子
保护级别	国家二级保护野生动物（仅限野外种群）

物种介绍　体延长、侧扁，头长小于体高。吻钝。眼大。口端位，上下颌等长。上下颌和舌骨具有绒毛状细齿。侧线完全。背鳍长且高大，上缘圆凸，呈旗状，有几条赤褐色斑点形成的纹带，整体体色鲜艳。具脂鳍，脂鳍起点与臀鳍基部相对。尾鳍分叉。属典型冷水高耗氧鱼，常年生活在山涧溪流，水质清澈无污染，水流湍急，河底多砾石。每年有短距离的生殖、适温及索饵的春季洄游，以及为躲避干旱和冰冻的秋季洄游。栖息水域多为水流较急的跌水处、漩涡处、底部有卵石的河滩处，河岸陡峭，河岸主要为融雪水冲刷后遗留的大石头，河道气温、水温昼夜温差较大。野生北极茴鱼主要摄食苍蝇、蚂蚁、软体动物和昆虫及其幼虫等。

地理分布　我国分布于额尔齐斯河水系。国外分布于俄罗斯鄂毕河和叶尼塞河流域。

陈生熬 供图

85. 下游黑龙江茴鱼

学　　名	*Thymallus tugarinae*
分类地位	鲑形目SALMONIFORMES，鲑科Salmonidae
曾用学名	无
英 文 名	Lower Amur grayling
别　　名	无
保护级别	国家二级保护野生动物（仅限野外种群）

物种介绍　体延长，侧扁，背部较高，背鳍起点至吻端明显呈弧形下弯，腹部平坦。头背部无鳞。口端位，吻端圆钝，边缘较薄，吻长略小于眼径；口裂斜，下颌略突出于上颌，后端超过眼前缘。鳞片大而致密，侧线完全。尾部侧扁，尾柄较长。背鳍高大，边缘圆凸，背鳍后部鳍条长于前部，背鳍鳍条数为23～26。脂鳍小，起点与臀鳍基部后端相对，尾鳍深叉形，尾鳍上下叶略等长。体侧背部无或仅具少数黑色斑点，体侧具多行间断开的鲜艳橙色条纹。冷水性鱼类，以无脊椎动物为主要食物。

地理分布　我国分布于黑龙江中上游和主要支流。国外分布于俄罗斯。

马波　供图

86. 鸭绿江茴鱼

学　　名	*Thymallus yaluensis*
分类地位	鲑形目 SALMONIFORMES，鲑科 Salmonidae
曾用学名	无
英 文 名	无
别　　名	青鳞子、斑鳟、红鳞鱼
保护级别	国家二级保护野生动物（仅限野外种群）
物种介绍	体长而侧扁，尾柄发达。吻钝且短。口端位，上、下颌等长。口裂倾斜。上颌游离，末端可达到眼正中的垂直线下方。上、下颌各有一列细齿，舌上无齿。眼大。鳞细小，侧线平直。背鳍长且高大，背缘圆凸，呈旗状；脂鳍小，位于臀鳍起点之后上方。背部和体侧紫灰色，体侧散生有许多黑褐色小斑点；繁殖期色彩明显，成鱼体侧有许多红色斑点，各鳍赤紫色。背鳍上有2条由赤褐色斑点形成的纹带。腹部色淡，整体体色较鲜艳。主食底栖无脊椎动物，也食鱼类。繁殖期5—6月。
地理分布	我国分布于鸭绿江上游。国外分布于朝鲜。

霍堂斌 摄

87. 海马属所有种

〰〰〰〰〰〰〰〰〰〰〰〰〰

学　　名	*Hippocampus* spp.
分类地位	海龙目SYNGNATHIFORMES，海龙科Syngnathidae
曾用学名	无
英 文 名	无
别　　名	无
保护级别	国家二级保护野生动物（仅限野外种群），CITES附录 II

物种介绍　体侧扁，头部弯曲与体近直角，身体包于骨环内。尾端细尖，常呈卷曲状。口细长，口小，前位，呈管状，不能张合，只能吸食水中的小动物。胸腹部凸出。没有腹鳍和尾鳍。雄鱼具育儿袋。喜栖于藻丛或海草床，生活在水深10 ~ 30米的水域。摄食桡足类、蔓足类的藤壶幼体、虾类的幼体及成体、莹虾、糠虾和钩虾等。

地理分布　全世界都有分布，种类很多，基本分布于30 °N—30 °S的热带和亚热带沿岸浅水海域。

版权购自图虫网

88. 黄唇鱼

学　　名	*Bahaba taipingensis*
分类地位	鲈形目 PERCIFORMES，石首鱼科 Sciaenidae
曾用学名	*Nibea taipingensis*
英 文 名	Bahaba，Chinese Bahaba
别　　名	金钱鮸（闽南）、鳘（福建连江）
保护级别	国家二级保护野生动物

物种介绍　体延长，侧扁，尾柄细长。吻突出，口端位。上、下颌齿均扩大，尖锥形。头部被圆鳞，体被栉鳞。背鳍长，鳍棘部和鳍条部间为一深凹形。臀鳍短。形状特殊，呈圆筒形，前端宽平，向两侧伸出侧管，鳔侧无侧枝。体型大，一般体长 1 ～ 1.5 米，重 15 ～ 30 千克；大者体长 1.7 米，重50 千克。体背侧棕黄色、橙黄色，腹侧灰白色。胸鳍基部腋下有 1 个黑斑。背鳍鳍棘部和鳍条部边缘黑色，尾鳍灰黑色；腹鳍和臀鳍色浅。栖息于近海50 ～ 60 米暖温带的底层，幼鱼栖息在河口附近。成鱼以小鱼及虾类等甲壳动物为食，幼鱼以虾类为食。

地理分布　我国分布于东海和南海北部。

颜阔秋 摄

89. 波纹唇鱼

学　　名	*Cheilinus undulatus*
分类地位	鲈形目PERCIFORMES，隆头鱼科Labridae
曾用学名	无
英 文 名	Humpheaded Wrasse
别　　名	曲纹唇鱼、苏眉
保护级别	国家二级保护野生动物（仅限野外种群），CITES附录Ⅱ

物种介绍　体呈椭圆形，侧扁。头大，项部甚突。吻较长，前端钝圆。眼侧扁而高。鼻孔2个，颇小。唇厚，内侧有纵褶。体被大圆鳞，颊部有鳞2行。侧线中断。背、臀鳍基底鳞鞘较低。背鳍1个，鳍棘部与鳍条部间无缺刻。尾鳍圆形。为隆头鱼科最大者，体长可达2米。成鱼体呈绿色，体侧每一鳞片上有黄绿色及灰绿色横线；头有橙色与绿色网状纹；奇鳍密布细褐色斜线；尾鳍后缘绿色。幼鱼常栖息于礁盘内侧浅水中，成鱼栖息于礁盘外侧较深的海域。主要食软体动物和甲壳动物。为我国西沙群岛常见经济鱼类。

地理分布　我国分布于台湾和南海诸岛海域。国外分布于红海、印度洋非洲沿岸至太平洋中部海域。

刘敏 摄

90. 松江鲈

学　名	*Trachidermus fasciatus*
分类地位	鲉形目 SCORPAENIFORMES，杜父鱼科 Cottidae
曾用学名	无
英 文 名	Roughskin Sculpin
别　名	四鳃鲈、媳妇鱼、松江鲈鱼
保护级别	国家二级保护野生动物（仅限野外种群）
物种介绍	头部及体前部平扁，向后渐变细而侧扁。头大，头背面的棘和棱

均被皮肤所盖。口大，端位。眼较小，上侧位。前鳃盖骨后缘有四棘。鳃孔宽大。体裸露无鳞，有粒状和细齿状皮质凸起。背鳍2个，在基部稍相连；臀鳍长，无鳍棘；胸鳍宽大，椭圆形，狭小；尾鳍截形，后缘稍圆。体背侧黄褐色、灰褐色，腹侧黄白色。体侧具4条暗褐色横带，吻侧和眼下各具1条暗带。成鱼头侧前鳃盖骨后缘为橘红色，在鳃盖膜上各有2条橘红色斜带，繁殖期尤为鲜艳。臀鳍基底具一纵行的橘黄色条纹。腹鳍灰白色，其余各鳍黄褐色，并有几行黑褐色的斑条。主食鱼类和底栖无脊椎动物。繁殖期4—6月。

地理分布　我国分布于鸭绿江口到福建九龙江口等邻海下游地区。国外分布于朝鲜半岛西侧及南侧和日本九州的福冈等地。

第五部分

无脊椎动物

1. 厦门文昌鱼

学　名 *Branchiostoma belcheri*

分类地位 文昌鱼目 AMPHIOXIFORMES，文昌鱼科 Branchiostomatidae

曾用学名 无

英文名 Belcher's Lancelet，Slugfish

别　名 文昌鱼、白氏文昌鱼、白氏文昌鱼厦门亚种

保护级别 国家二级保护野生动物（仅限野外种群）

物种介绍 身体侧扁，两端尖，体长35～57毫米，体高约为体长的1/10。分为头部、躯干部和尾部。头部不明显，腹面有一漏斗状凹陷，称为口前庭，周围生有口须，平均42条（随个体而异，也随年龄增加而增加，如45～48毫米的标本，口须多在46条以上）。身体背中线有一背鳍，腹面自口向后有两条平行且对称的腹褶，腹褶延伸到腹孔前汇合，末端为茅形尾鳍；腹孔即排泄腔的开口。身体两侧肌节明显，平均65节。具脊索，位于身体背面，贯穿身体几达全长。生殖细胞由腹孔排出，在海水中受精。生活态身体为半透明肉色。喜栖于水清、流缓、疏松的潮下带中沙至粗沙底。

地理分布 我国分布于福建、广东、海南沿海。国外分布于印度—西太平洋浅海区。本种与青岛文昌鱼在厦门海域分布区有重合。

2. 青岛文昌鱼

学　　名	*Branchiostoma tsingdauense*
分类地位	文昌鱼目 AMPHIOXIFORMES，文昌鱼科 Branchiostomatidae
曾用学名	*Branchiostoma belcheri japonicum*，*Branchiostoma belcheri tsingtauense Branchiostoma nakagawae*
英 文 名	Japanese Lancelet，Japanese Slugfish
别　　名	文昌鱼、日本文昌鱼、白氏文昌鱼日本亚种、白氏文昌鱼青岛亚种
保护级别	国家二级保护野生动物

物种介绍　身体侧扁，两端尖，体长约55毫米，体高约为体长的1/10。分为头部、躯干部和尾部。头部不明显，口前庭周围生有口须33 ～ 59条（随个体而异，也随年龄增加而增加）。身体背中线有一背鳍，腹面自口向后有两条平行且对称的腹褶，腹褶延伸到腹孔前汇合，末端为尾鳍；腹孔即排泄腔的开口。身体两侧肌节明显，65 ～ 69节，以67节最常见。具脊索，位于身体背面，贯穿身体几达全长。生殖细胞由腹孔排出，在海水中受精。生活态身体为半透明肉色。喜栖于水清、流缓、疏松的潮下带中沙至粗沙底。

地理分布　我国分布于河北、山东、福建沿海。国外分布于日本沿海。本种与白氏文昌鱼在厦门海域分布区有重合。

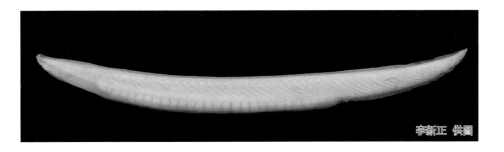

李新正　供图

3. 多鳃孔舌形虫

学　名 *Glossobalanus polybranchioporus*

分类地位 半索动物门HEMICHORDATA，肠鳃纲ENTEROPNEUSTA，柱头虫目BALANOGLOSSIDA，殖翼柱头虫科Ptychoderidae

曾用学名 无

英　文　名 Acorn Worm

别　名 柱头虫

保护级别 国家一级保护野生动物

物种介绍 虫体大而细长，35.2～61.3厘米，呈蠕虫状。吻较短，长1～1.2厘米，呈尖锥形或圆锥形，为淡橘黄色。领长0.7～1.1厘米，宽0.8～0.9厘米，后缘自背缘向腹缘倾斜，并有一条深橘红色环带，而整个领区则为淡橘黄色。躯干很长，为33.5～59.2厘米。鳃生殖区鳃孔多，130～160个，腹面两侧无棕色色素斑点，鳃后盲囊与生殖翼对称，无翼缘垂，雌性生殖翼紫棕色，雄性橘黄色或橘红色。肝区肝囊多，110～130个，其颜色由前向后通常为褐黑、赭、黄、绿等色。栖息于潮间带泥滩内的"U"形洞穴中，营底内穴居生活，行动缓慢，以沉积物中的有机碎屑为食。

地理分布 我国分布于河北北戴河，山东青岛（薛家岛、黄岛、娄山、沧口、栈桥、汇泉浴场）和日照石臼所，江苏大丰、东川等地沿海。

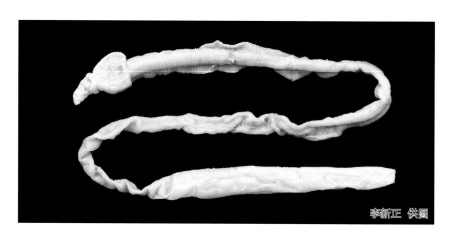

李新正 供图

4. 三崎柱头虫

学 名 *Balanoglossus misakiensis*

分类地位 半索动物门HEMICHORDATA，肠鳃纲ENTEROPNEUSTA，柱头虫目BALANOGLOSSIDA，殖翼柱头虫科Ptychoderidae

曾用学名 无

英文名 Acorn Worm

别 名 无

保护级别 国家二级保护野生动物

物种介绍 体长20～55厘米；躯干部具有明显的环纹，环纹在鳃区较粗而且环间距较大，在肝区十分纤细。吻部亚圆锥形，橘黄色，长9～15毫米，宽5～9毫米，背部中央具一条深纵沟；领圆柱形，背缘较腹缘短，背部长5～12毫米，腹部长6～14毫米，宽9～13毫米，具有许多纵褶和明显的横纹分带线，领与吻几同色，领沟为淡黄色，后部有一条深橘红色横带；鳃长20～50毫米，鳃管为长等腰三角形；生殖翼发达，鳃生殖区长50～200毫米，性成熟个体雌性为灰褐色，雄性为蛋黄色；肝区长40～210毫米；尾区长110～200毫米；肛门在末端背面开口。喜栖于潮间带泥滩。

地理分布 我国分布于山东青岛、广西合浦沿海。国外分布于日本三崎、馆山沿海。

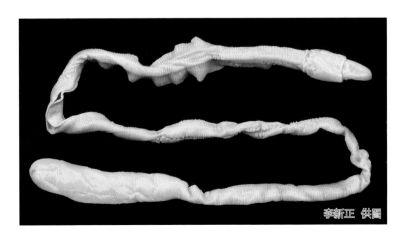

李新正 供图

5. 短殖舌形虫

学　　名 *Glossobalanus mortenseni*

分类地位 半索动物门HEMICHORDATA，肠鳃纲ENTEROPNEUSTA，柱头虫目BALANOGLOSSIDA，殖翼柱头虫科Ptychoderidae

曾用学名 无

英　文　名 Acorn Worm

别　　名 无

保护级别 国家二级保护野生动物

物种介绍 体长约35厘米。吻部圆锥形，长4～5毫米，宽度与长度相等，表皮具有浅的纵沟；领长2～3毫米，宽4～5毫米；鳃区裸露，长5～6毫米，鳃沟深，鳃区背部中央线为一深沟，伸延到生殖区则形成一条突起的背中脊，鳃区的生殖翼不显著，鳃后生殖区极短，仅2～3毫米，生殖翼不突出；肝区界线明显，长约5毫米，肝囊16～22个，大小由前到后相差不悬殊；腹部中央沟纵贯整个鳃区和生殖区；肛门在末端中央开口。喜栖于潮间带泥滩。

地理分布 我国分布于海南岛沿海。国外分布于毛里求斯沿海。

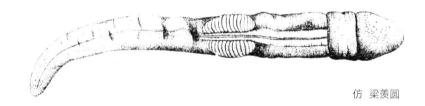

仿 梁羡圆

6. 肉质柱头虫

学　　名　*Balanoglossus carnosus*

分类地位　半索动物门HEMICHORDATA，肠鳃纲ENTEROPNEUSTA，柱头虫目BALANOGLOSSIDA，殖翼柱头虫科Ptychoderidae

曾用学名　*Ptychodera carnosus*，*Balanoglossus numeensis*

英 文 名　Acorn Worm

别　　名　无

保护级别　国家二级保护野生动物

物种介绍　体大，长38～77厘米。吻部小，部分或全部被领部遮蔽；领长，长度中央位置具一条显著缢环，缢环前领部表皮较缢环后部表皮更光滑，后缘明显，领长为鳃区的2～4倍；生殖翼开始于领后缘，连接领部，遮盖鳃区前部，开始较窄，至鳃区后部最宽，终止于肝区之前，两翼在终末平直展开，两生殖翼间常有白色黏液，黏液凝结物将两翼牢固地黏合在一起，完全包围鳃区和生殖区，生殖翼内面靠基部附近有许多白色表皮小丘；生殖翼与肝区之间一般都有过渡区，为本种重要特征之一；肝区的肝囊排成两行，前部肝囊较大，呈叶瓣状；肛门在末端中央开口。鳃区后部到肝区前的躯干腹面具有棕色的间环线。喜栖于潮间带泥滩。

地理分布　我国分布于海南岛沿海。国外分布于马尔代夫、安汶、卡伊群岛、新大不列颠、大堡礁、新喀里多尼亚、日本沿海。

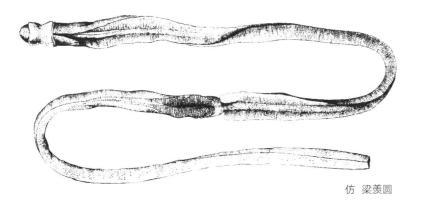

仿 梁羡圆

7. 黄殖翼柱头虫

学　名 *Ptychodera flava*

分类地位 半索动物门HEMICHORDATA，肠鳃纲ENTEROPNEUSTA，柱头虫目BALANOGLOSSIDA，殖翼柱头虫科Ptychoderidae

曾用学名 *Ptychodera（Chlamydothorax）erythraeus*，*Ptychodera erythraeus*

英文名 Acorn Worm

别　名 无

保护级别 国家二级保护野生动物

物种介绍 体长5～10厘米。吻长约3毫米，宽约4毫米，圆形至圆锥形；领长约4毫米，宽约5毫米，中部收窄，后缘具明显的环状槽；生殖翼始于领后缘，在鳃区最宽；鳃区长约9毫米，腊肠形，鳃孔宽大；鳃生殖区长约21毫米；鳃后生殖区逐渐变窄延伸至肝区，从两侧全抱或半抱肝区前部而终止；肝区长约12毫米，前部界线不明显，肝囊小，从前到后排成规则的纵列，中段渐大，向后由变小，较大肝囊具有栉齿状或者指状突起的前后缘；尾区肿大，长约24毫米；肛门开口于尾部末端。表皮环纹在肝区特别明显，背部两侧环纹形成小岛状，在生殖翼的外缘环纹较弱，常形成小分支。喜栖于潮间带泥滩。

地理分布 我国分布于海南岛、西沙群岛沿海。国外分布于印度—西太平洋。

仿 梁羡圆

8. 青岛橡头虫

学　　名	*Glandiceps qingdaoensis*
分类地位	半索动物门HEMICHORDATA，肠鳃纲ENTEROPNEUSTA，柱头虫目BALANOGLOSSIDA，史氏柱头虫科 Spengeliidae
曾用学名	无
英 文 名	Acorn Worm
别　　名	无
保护级别	国家二级保护野生动物
物种介绍	体型大，易断、易碎，躯体近圆柱形，分为前生殖区、生殖翼生殖区、极短的肝区和细弱的肠区4部分。吻呈近圆锥形，长19.1毫米，约为领长的3倍，宽7.1毫米；背面中央和腹面具沟；领长6.1毫米，宽10.1毫米，在其后部中央具1个特色沟，沟后部覆盖着皱褶；前唇宽于后唇；生殖区近圆柱形，具模糊的环纹沟，有1个较深的腹沟和1个深的背沟，并有1对平行于背沟的背脊，鳃孔小，约56对，不易看见。新鲜标本体色为黄色，体表具不规则的褐色斑纹，生殖翼为淡黄色，肝区为暗绿色；固定标本为淡黄色。喜栖于潮下带泥底。
地理分布	我国分布于山东青岛胶州湾。

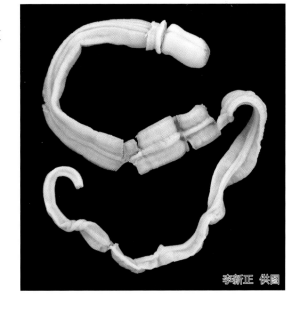

李新正 供图

9. 黄岛长吻虫

〔学　名〕 *Saccoglossus hwangtauensis*

〔分类地位〕 半索动物门HEMICHORDATA，肠鳃纲ENTEROPNEUSTA，柱头虫目BALANOGLOSSIDA，玉钩虫科Harrimaniidae

〔曾用学名〕 *Dolichoglossus hwangtauensis*

〔英文名〕 Acorn Worm

〔别　名〕 柱头虫

〔保护级别〕 国家一级保护野生动物

〔物种介绍〕 虫体柔软，细长，呈蠕虫状。生活时体长21～42厘米，分吻、领和躯干三部分。吻长1.8～3.2厘米，稍扁，呈长扁圆锥形，为淡橘黄色。领短，长0.3～0.4厘米，宽0.6～0.8厘米，呈深橘黄色，表面平滑，中、后部各有一条环沟，领的后缘突起形成环。鳃生殖区生殖翼发达，雌性为淡黄褐色，雄性为淡黄或橘黄色。肝区前段为褐色或墨绿色，后段为草绿色，至尾区则变成白色。肛门在尾区末端中央。栖息于潮间带中区附近的细砂滩中的"U"形洞穴内，营底内穴居生活，行动缓慢，以沉积物中的有机碎屑为食。

〔地理分布〕 我国分布于青岛胶州湾内黄岛、薛家岛、沧口、阴岛沿海。

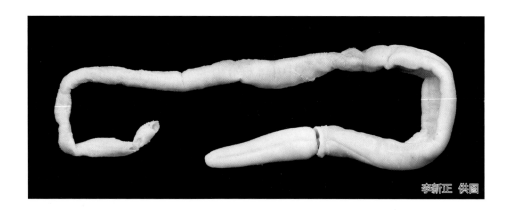

李新正 供图

10. 中国鲎

学　　名　*Tachpleus tridentatus*

分类地位　节肢动物门 ARTHROPODA，肢口纲 MEROSTOMATA，剑尾目 XIPHOSURA，鲎科 Tachypleidae

曾用学名　无

英 文 名　Horseshoe Crab

别　　名　海怪、三刺鲎

保护级别　国家二级保护野生动物

物种介绍　雌雄异体，雌性比雄性体大，雌性体长40厘米左右，体重4千克左右；雌性体长30厘米左右，体重1.8千克左右。体呈瓢状，全身被硬甲，背面圆突，腹面凹陷。头胸部、腹甲部各有附肢6对。腹甲背部有细刺，雌性两侧有3对细刺，雄性两侧有6对细刺。栖息于沙质海底，是暖水性近海节肢动物。栖息地点与年龄有关，小个体生活于沙滩，成年个体生活于近海。每年11月由浅海游向深水区越冬，次年4—5月又向浅海游动进行生殖洄游。卵生，卵为淡黄色，圆球形。产卵时，雌鲎挖穴2～4个，将卵产于穴中，雄鲎即将精液撒于卵上。以环节动物、腔肠动物、软体动物等底栖动物为食。

地理分布　我国分布于福建、浙江、广东、广西、台湾等沿海。

颉晓勇·供图

11. 圆尾蝎鲎

学　名　*Carcinoscorpius rotundicauda*

分类地位　节肢动物门ARTHROPODA，肢口纲MEROSTOMATA，剑尾目XIPHOSURA，鲎科Tachypleidae

曾用学名　无

英文名　Horseshoe Crab

别　名　马蹄蟹、圆尾鲎

保护级别　国家二级保护野生动物

物种介绍　本种在鲎类中个体最小，雌性个体从头至尾全长大约为30.0厘米，雄体全长28.0厘米，体重平均在0.5千克左右。头胸甲呈圆弧形。背面散布有微小的小刺。缘刺无明显的差别。腹甲后端背面正中有一小的隆起，尾剑表面完全无小刺，后半部腹面两侧长有白毛，端面略呈圆形。本种常与南方鲎生活在一起。栖息环境和生活习性与南方鲎相似。

地理分布　我国分布于浙江、福建、广东、广西、海南等沿海。国外分布于印度恒河口附近至东南方印度—太平洋广大海域。

颉晓勇 供图

12. 锦绣龙虾

学　　名	*Panulirus ornatus*
分类地位	节肢动物门ARTHROPODA，软甲纲MALACOSTRACA，十足目DECAPODA，龙虾科Palinuridae
曾用学名	无
英 文 名	Splendid Spiny Lobster
别　　名	龙虾、花龙虾
保护级别	国家二级保护野生动物（仅限野外种群）

物种介绍　本种为龙虾中最大的一种，体重可达5千克。腹部背甲无横沟，触角板具有2对大棘，第2颚足外肢无鞭，头腹甲后缘的横沟宽度相等（中央特别宽大），步足呈棕紫色，并具有白色圆形斑点，腹部无黄色横斑（第2颚足外肢无鞭），头胸甲上有五彩花纹，非常美丽。常生活在10米水深以内的海底石缝中。善于爬行，行动迟缓，不善游泳。夏、秋两季抱卵。卵的数目很多，形状很小，初孵幼体头胸部宽大，腹部短小，经过数次蜕皮才变得像龙虾的样子。经过一个游泳阶段后才定居在海底生活。

地理分布　我国分布于广东、海南及西沙群岛沿海。国外分布于日本、越南、菲律宾、印度尼西亚、新加坡等沿海海域。

刘昕明 供图

13. 大珠母贝

学　　名 *Pinctada maxima*

分类地位 软体动物门MOLLUSCA，双壳纲BIVALVIA，珍珠贝目PTERIOIDA，珍珠贝科Pteriidae

曾用学名 *Margaritifera maxima*

英 文 名 Silver-lipped Pearl Oyster

别　　名 珍珠贝、马六甲珠母贝、金唇珠母贝、黄唇珠母贝

保护级别 国家二级保护野生动物（仅限野外种群）

物种介绍 成体壳高超过20厘米，壳长与壳高几乎相等，是珍珠贝中最大的一种。壳质坚实而厚重，外形略呈圆状，略凸出。壳顶位于背缘前端，前耳小，后耳缺。壳表面为暗黄褐色，具有淡褐色放射肋，鳞片排列不规则，老贝体鳞片常脱落，珠层明显外露，放射肋不明显。壳内面珍珠层呈银白色，边缘部为黄褐色的角质。韧带宽厚，脱落后遗留一凹痕。闭壳肌痕宽大，略呈肾脏形，外侧1/2处有一粗的横褶，内侧2/3处加宽，痕面不平滑，有许多明显的横纹。肛门膜呈舌形，末端极宽圆。本种为热带海洋种类。多栖息在水深20米左右的浅海。

地理分布 我国分布于海南岛、西沙群岛沿海。国外分布于西太平洋热带海区。

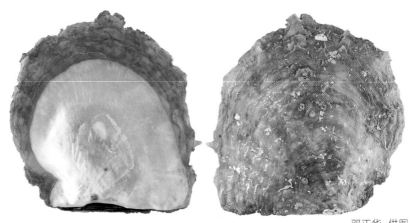

邓正华 供图

14. 大砗磲

学　名　*Tridacna gigas*

分类地位　软体动物门 MOLLUSCA，双壳纲 BIVALVIA，帘蛤目 VENEROIDA，砗磲科 Tridacnidae

曾用学名　*Tridacna cookiana*，*Tridacnes（Denodacna）cookianus*，*Dinodacna cookiana*

英文名　Giant Clam，Sea-mussel

别　名　海蚌、库氏砗磲

保护级别　国家一级保护野生动物，CITES 附录 II

物种介绍　贝壳较大，略呈三角形，两壳相等，两侧不等，前端短，约为贝壳全长的1/3。壳质极坚实而厚重，为双壳纲中个体最大的种类。壳顶前方有一足丝孔。外韧带棕褐色，狭长，几乎占贝壳后部的全长。背缘较平，腹缘呈波浪状弯曲。贝壳表面为白色，具有5条强大的覆瓦状的放射肋。生长轮脉明显，在贝壳表面形成弯曲重叠的皱褶，壳顶部常被磨损。贝壳内面为白瓷色，并有与放射肋相对应的肋间沟。两壳均有主齿，后侧齿各一个。后闭壳肌痕似马蹄形，位于中部。外套痕明显。壳高38.0 ~ 52.0厘米，壳宽33.5 ~ 45.6厘米，壳长58.0 ~ 70.5厘米。生活在浅海珊瑚礁间，营底栖生活。

地理分布　我国分布于南海。国外分布于印度—西太平洋。

李新正 供图

15. 无鳞砗磲

学　　名　*Tridacna derasa*

分类地位　软体动物门 MOLLUSCA，双壳纲 BIVALVIA，帘蛤目 VENEROIDA，砗磲科 Tridacnidae

曾用学名　*Persikima whitleyi*，*Tridacna glabra*，*Tridacna obesa*，*Tridacna serrifera*

英 文 名　Southern Giant Clam，Smooth Giant Clam

别　　名　无

保护级别　国家二级保护野生动物（仅限野外种群），CITES 附录 II

物种介绍　贝壳大型，体长可达 60 厘米。壳厚，两壳等边、形状大小相同。壳面具 5 ~ 6 条宽平的放射肋，肋较光滑，无鳞片；肋间隙较宽，其内有细肋。通常有足丝开口。铰合部有 1 个主齿，1 或 2 个后侧齿。后闭壳肌痕和后收足肌痕靠近中央，前闭壳肌退化。韧带发达。栖息于珊瑚残骸上或钻孔进入珊瑚礁，腹部边缘朝上，外套膜内有虫黄藻共生。

地理分布　我国分布于海南岛、西沙群岛和南沙群岛沿海。国外分布于澳大利亚、斐济、印度尼西亚、新喀里多尼亚、菲律宾和越南。

李军 摄

16. 鳞砗磲

学　　名　*Tridacna squamosa*

分类地位　软体动物门MOLLUSCA，双壳纲BIVALVIA，帘蛤目VENEROIDA，砗磲科Tridacnidae

曾用学名　*Tridacnes（Flodacna）squamosa*

英 文 名　Scaly Clam，Fluted Giant Clam

别　　名　海蚌

保护级别　国家二级保护野生动物（仅限野外种群），CITES附录Ⅱ

物种介绍　贝壳大，呈卵圆形，两壳大小相等。背缘稍平，腹缘弯曲呈波浪状。壳顶位于贝壳中央，壳顶前方有一足丝孔。外韧带极长，黄褐色，约等于贝壳后半部的3/4。贝壳表面为白色，生长轮脉细密，具有4～6条强大的放射肋。肋上具翘起的大鳞片，肋间沟具有宽的放射肋纹。贝壳内面为白瓷色，右壳有1个主齿和2个并列的后侧齿。左壳主齿和后侧齿各一个。后闭壳肌痕卵圆形，位于中部。壳高10.0～13.1厘米，壳10.0～14.4厘米，长17.0～19.3厘米。生活在深海区，贝壳大部分埋入珊瑚礁内，仅露出腹缘。

地理分布　我国分布于南海。国外分布于印度尼西亚摩鹿加群岛和澳大利亚大堡礁，印度—太平洋热带海区广布种。

李军 摄

17. 长砗磲

学　名 *Tridacna maxima*

分类地位 软体动物门MOLLUSCA，双壳纲BIVALVIA，帘蛤目VENEROIDA，砗磲科Tridacnidae

曾用学名 *Tridachnes maxima*，*Tridacna acuticostata*，*Tridacna compressa*，*Tridacna elongate*，*Tridacna troughtoni*

英 文 名 Small Giant Clam，Elongate Clam

别　名 无

保护级别 国家二级保护野生动物（仅限野外种群），CITES附录Ⅱ

物种介绍 为砗磲属中较小的一种，壳长16.5厘米，大个体可达30厘米。贝壳前端延长，后端短，呈长卵圆形。壳面有4～6条粗肋，肋上有鳞片，近壳顶部放射肋的鳞片低伏，呈覆瓦状排列。壳面黄白色，壳内面白色，足丝孔较大。常栖息在浅海珊瑚礁、岩石底。

地理分布 我国分布于台湾、海南岛、西沙群岛和南沙群岛沿海。国外分布于东非和红海以东、波利尼西亚以西、澳大利亚以北、日本九州和纪伊海域以南的区域。

刘昕明 供图

18. 番红砗磲

学　　名 *Tridacna crocea*

分类地位 软体动物门MOLLUSCA，双壳纲BIVALVIA，帘蛤目VENEROIDA，砗磲科Tridacnidae

曾用学名 *Tridacna cumingii*，*Tridacna ferruginea*

英 文 名 Saffron-coloured Clam，Crocus Giant Clam，Boring Clam

别　　名 圆砗磲、红番砗磲、红袍砗磲

保护级别 国家二级保护野生动物（仅限野外种群），CITES附录II

物种介绍 贝壳壳长13厘米，呈卵圆形，两壳中等膨胀。壳顶较低，前倾，位于中央之后，其前方有一大的足丝孔。壳面黄白色或略带红色，壳表放射肋宽而低平，呈波纹状，肋上具低矮的鳞片，肋间沟浅。壳内面白色，有珍珠光泽。后肌痕较大，近圆形。以足丝附着于浅海的珊瑚礁中。

地理分布 我国分布于台湾和西沙群岛沿海。国外分布于印度—西太平洋。

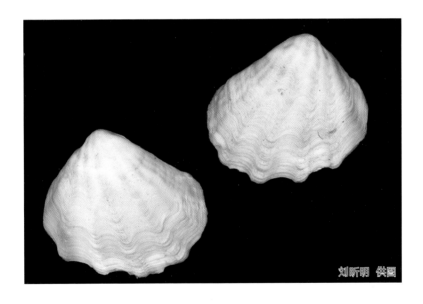

刘昕明 供图

19. 砗蚝

学　　名　*Hippopus hippopus*

分类地位　软体动物门 MOLLUSCA，双壳纲 BIVALVIA，帘蛤目 VENEROIDA，砗磲科 Tridacnidae

曾用学名　*Chama hippopus*，*Hippopus equinus*，*Tridachnes ungula*

英 文 名　Strawberry Clam，Horseshoe Clam，Bear Paw Clam

别　　名　砗蠔、河马蛤、草莓蛤、马蹄蛤、熊掌蛤

保护级别　国家二级保护野生动物（仅限野外种群），CITES 附录 II

物种介绍　贝壳较小，壳长17厘米，个别大型者可达38.5厘米。两侧大小相等，略呈不等边四角形，外壳曲起成弓状。壳表具粗细不一的放射肋，肋上有小鳞片或棘。表面壳面黄白色，有紫红色斑。壳内面白色，有光泽，有与壳表对应的放射沟和紫色斑。铰合部狭长，左、右壳各具主齿和侧齿1枚。闭壳肌痕卵圆形，位于壳中央稍近下方。栖息在珊瑚礁和近礁环境的浅水区，幼体常以足丝附着生活，成体在礁坪上营自由生活。

地理分布　我国分布于台湾、西沙群岛和南沙群岛沿海。国外分布于印度—西太平洋。

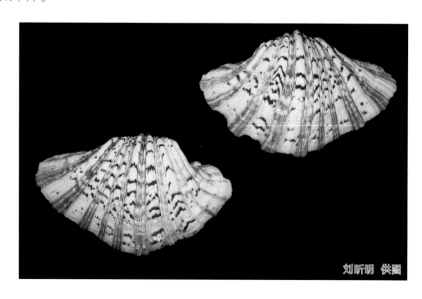

刘昕明 供图

20. 珠母珍珠蚌

学　　名	*Margaritiana dahurica*
分类地位	软体动物门 MOLLUSCA，双壳纲 BIVALVIA，蚌目 UNIONIDA，
珍珠蚌科 Margaritanidae	
曾用学名	*Unio*（*Margaritana*）*dahuricus*，*Dahurinaia dahurica*
英 文 名	无
别　　名	无
保护级别	国家二级保护野生动物（仅限野外种群）
物种介绍	贝壳大型，壳长可达180毫米，壳高70毫米，壳宽40毫米。壳

质较厚而坚固，外形呈长椭圆形，两壳略膨胀。壳面呈深褐色，或近于黑色。
壳顶常被腐蚀，位于壳前端，全部壳长的1/4处，不突出。壳面上生长线明
显，从壳顶到腹缘有一条不明显的凹痕。壳顶窝浅，壳内面珍珠层呈淡鲑肉
色或白色，并布有近于蓝色、有光泽的白点。栖息于水质清澈、透明的河流
及小溪内。以微小生物及有机碎屑为食。

地理分布　　我国分布于黑龙江、松花江及其支流内。国外分布于日本国后
岛、蒙古国。

欧阳珊 供图

21. 佛耳丽蚌

学　　名 *Lamprotula mansuyi*

分类地位 软体动物门MOLLUSCA，双壳纲BIVALVIA，蚌目UNIONIDA，蚌科Unionidae

曾用学名 *Unio（Quadrula）mansuyi*，*Quadrula mansuyi*

英 文 名 Buddha-ear-mussel

别　　名 佛尔蚌、白玉蛤

保护级别 国家二级保护野生动物

物种介绍 壳质厚而坚实，极重，外形呈佛耳状或梯形。左右两壳相等，但两侧不等称。壳前端钝圆，后部呈钝角状。前缘短，弯曲，腹缘略直，中部略凹入，后背缘长，稍弯曲，向下倾斜，与腹缘相连成钝角。壳顶被腐蚀，不突出，低于背缘最高点，位于贝壳前部壳长的1/3处。壳面呈黄褐色，无光泽，具有不规则的生长线，贝壳中部后背嵴具有垂直而呈放射状的纵肋。后背嵴的纵肋由较强或较弱的瘤状结节形斜肋所构成。贝壳下缘有纤维质边缘，锋锐。韧带短而粗大。壳高7.4厘米，壳宽4.4厘米，壳长12.8厘米。常栖息于水质清澈透明，水深约10米，河面宽20 ~ 50米，水底为沙石、卵石或岩石底，水温低，水流较急（流速在150 ~ 200米/秒）的山间河流。多生活在卵石间。以微小颗粒为食，营底栖生活。

地理分布 我国分布于广西右江流域。国外分布于越南。

欧阳珊 供图

22. 绢丝丽蚌

学　　名　*Lamprotula fibrosa*

分类地位　软体动物门MOLLUSCA，双壳纲BIVALVIA，蚌目UNIONIDA，蚌科Unionidae

曾用学名　*Quadrula*〔*Lamprotula*〕*fibrosa*，*Unio fibrosus*

英 文 名　Mussel

别　　名　无

保护级别　国家二级保护野生动物

物种介绍　贝壳一般中等大小，壳长73毫米，壳高48毫米，壳宽33毫米。壳质厚、坚硬，外形呈卵圆形，前部膨胀，后部压扁，左、右两壳稍不对称，左壳略向前斜伸。壳顶突出，位于贝壳最前方，背缘略呈弧形，前缘向下呈切割状，腹缘与后缘弧度大，连成半圆形。壳面生长轮脉细密，瘤状结节零星散布在生长轮脉上，有的个体瘤状结节细弱，有的瘤状结节发达，壳顶部表面具有两排小棘或棘痕。壳面呈棕褐色，有丝状光泽。本种常栖息于冬季不干涸、水质澄清透明的河流及与其相通的湖泊内水较深处。栖息水体的底质较硬，上为底泥，下为沙底或泥沙底或卵石底，有的个体还可以生活在岩石缝中。

地理分布　我国分布于长江流域中下游。

吴小平　供图

23. 背瘤丽蚌

学　　名	*Lamprotula leai*
分类地位	软体动物门MOLLUSCA，双壳纲BIVALVIA，蚌目UNIONIDA，蚌科Unionidae
曾用学名	*Margarita（Unio）leaii*
英 文 名	Mussel
别　　名	无
保护级别	国家二级保护野生动物

物种介绍　贝壳较大型，壳长约100毫米，壳宽35毫米，壳高80毫米。贝壳甚厚，壳质坚硬，外形呈长椭圆形。前端圆窄，后端扁而长，腹缘呈弧状，背缘近直线状，后背缘弯曲稍突出成角形。壳顶略高于背缘之上，位于背缘最前端。壳面布满瘤状结节，一般标本结节排列成条状，并与后背部的粗肋相接呈"人"字形。幼壳壳面呈绿褐色，老壳则变成暗褐色或暗灰色。贝壳外形变异很大，有的壳前部短圆，有的前部长。壳内层为乳白色的珍珠层。蚌壳质厚，坚硬。喜生活于水深、水流较急的河流及其相通的湖泊内，底质较硬，多为沙底、有卵石的沙底或泥沙底，有的个体生活在岩石缝中。幼蚌较成蚌行动灵活，往往在水域沿岸带可采到幼蚌，而成蚌则在水深处方能采到。

地理分布　我国分布于河北、安徽、江苏、浙江、江西、湖北、湖南、广东、广西、台湾等地的河流、湖泊中。国外分布于越南、朝鲜。

代雨婷　供图

24. 多瘤丽蚌

学　　名　*Lamprotula polysticta*

分类地位　软体动物门MOLLUSCA，双壳纲BIVALVIA，蚌目UNIONIDA，蚌科Unionidae

曾用学名　*Unio paschalis*

英 文 名　Mussel

别　　名　无

保护级别　国家二级保护野生动物

物种介绍　贝壳略大型，壳长可达90毫米，壳高61毫米，壳宽44毫米。壳质厚，坚硬，略膨胀，外形呈长椭圆形到圆形。壳顶位于背缘最前端，前背嵴下方，与稍弯或平直的前缘相连接，向前突出，并向内弯，而形成两壳的壳顶非常接近，但大多数标本因壳顶磨损而形成两壳的壳顶距离较远。前端圆，背缘弯曲，腹缘与后缘形成大的弧形。壳面呈褐色或棕黄色，除前腹外，布满瘤状结节，后背嵴具有弯曲而粗大的瘤状斜肋，上部略有角度。珍珠层呈乳白色或鲑肉色，有珍珠光泽，壳后端珍珠层薄。壳顶窝很深。韧带粗大。外套痕明显。蚌壳质厚，坚硬。生活于底质为沙泥底或泥底（底质较硬），水流较急或缓流的河流及湖泊内。

地理分布　我国分布于浙江、江苏、江西及湖南的河流、湖泊中。

代雨婷　供图

25. 刻裂丽蚌

学　名	*Lamprotula scripta*
分类地位	软体动物门MOLLUSCA，双壳纲BIVALVIA，蚌目UNIONIDA，蚌科Unionidae
曾用学名	*Unio scriptus*
英文名	Mussel
别　名	无
保护级别	国家二级保护野生动物

物种介绍　贝壳中等大小，壳长70毫米，壳高50毫米，壳宽38毫米左右。贝壳质厚而坚硬，两壳稍膨胀，外形呈卵圆形。壳顶位于贝壳最前端，略膨胀，向壳内弯曲，不突出背缘之上。背缘微向上斜升，壳前端呈截状，背缘、后缘及腹缘三者连成一大圆弧形，壳后端压缩，侧扁。壳面呈棕褐色或黑褐色，稍有光泽，并具有较大的同心圆生长轮脉，其上散布着瘤状结节。喜栖息于冬季水不干涸、水流稍急或缓流、水质澄清透明的河流及其相通的湖泊水较深处。栖息水体的底质较硬，甚至有的生活在岩石礁中，但一般多栖息于上层为泥层，下为沙底的环境中。以微小生物（原生动物、单鞭毛藻及硅藻等）及有机碎屑为食料。

地理分布　我国分布于江苏太湖，安徽淮河，江西鄱阳湖、赣江、信江，湖南洞庭湖等河流及湖泊内。

代雨婷　供图

26.中国淡水蛏

| 学　　名 | *Novaculina chinensis* |

分类地位　软体动物门MOLLUSCA，双壳纲BIVALVIA，蚌目UNIONIDA，截蛏科Solecurtidae

曾用学名　无

英文名　Chinese Eresh-water Razor Clam

别　　名　无

保护级别　国家二级保护野生动物

物种介绍　贝壳较小型，壳长一般约35毫米，壳高16毫米，壳宽10毫米。壳质薄而脆，近长方形，背缘和腹缘平行。两壳闭合时，顶略突出于背缘之上，位于贝壳前端壳长的1/3处。壳表面黄褐色，布满细密的生长纹，于前后端形成皱褶渊。壳内表面白色，前闭壳肌痕呈长三角形，后闭壳肌痕呈宽三角形，外套窦呈"U"形，分别与后闭壳肌痕和外套痕相连。群栖息于泥底或沙底的河流及湖泊内。主要以硅藻为食。

地理分布　我国分布于山东南四湖，江苏太湖和高邮湖，长江中下游的巢湖、鄱阳湖、洞庭湖、昆承湖、淀山湖和黄浦江，浙江湖州、嘉善和德清的河流及湖泊，福建陶江，广东深圳河等。

闻海波　供图

27. 龙骨蛏蚌

学　名　*Solenaia carinatus*

分类地位　软体动物门MOLLUSCA，双壳纲BIVALVIA，蚌目UNIONIDA，截蛏科Solecurtidae

曾用学名　*Ligumia（Unio）carinata*

英文名　Mussel

别　名　无

保护级别　国家二级保护野生动物

物种介绍　贝壳大型，壳长可达280毫米，壳高80毫米，壳宽60毫米。外形窄长，壳长约为壳高的3.5倍。壳较厚，黑色，左右贝壳对等，壳前端细，逐渐向后端延长扩大，后端呈截状，开口，腹缘中部凹入缩小。壳顶低，不突出背缘之上。后背嵴有明显的龙骨状突起，斜达后缘中线上部。后背缘末端呈直角下垂。壳表面有粗大的生长线。生活于大的湖泊、河流等流水环境，主要栖息于水质清澈的河口及湖泊入水口处，多栖息于硬泥底质，终生穴居，不移动。

地理分布　我国分布于江西省赣江、修河，安徽淮河等。

代雨婷　供图

28. 鹦鹉螺

学　　名	*Nautilus pompilius*
分类地位	软体动物门MOLLUSCA，头足纲CEPHALOPODA，鹦鹉螺目NAUTILIDA，鹦鹉螺科Nautilidae
曾用学名	无
英 文 名	Nautilus
别　　名	鹦鹉嘴、海螺
保护级别	国家一级保护野生动物，CITES附录Ⅱ

物种介绍　壳大而厚，左右对称，呈螺旋形，长径为16.6厘米，短径为12.2厘米，壳口宽7.6厘米。外表光滑，灰白色，后方间杂着橙红色波状条纹。壳口后侧壳面呈黑色。壳由两层构成，外层是磁质层，内层是富有光泽的珍珠层。壳内腔由隔壁分成30多个壳室。雄体贝壳较宽大，壳口较圆，而边缘弯曲，雌体贝壳两侧扁。雄性生殖腕由左侧或右侧的4只唇腕愈合而成。营深水底栖生活，也能靠充气的壳室在水中游泳，或以漏斗喷水急冲后退。浮游时间多在夜间或暴风雨停歇之后，浮游时头及腕完全伸展，贝壳口向下。爬行时贝壳口向上，头及腕向下。食物种类是底栖甲壳类动物。

地理分布　我国分布于台湾、海南沿海。国外分布于菲律宾群岛、新赫布里底群岛、斐济群岛沿海。

陈江源　供图

29. 螺蛳

学　　名	*Margarya melanioides*
分类地位	软体动物门MOLLUSCA，腹足纲GASTROPODA，中腹足目 MESOGASTROPODA，田螺科Viviparidae
曾用学名	*Vivipara margariana* var. *carinata*
英文名	Snail
别　　名	无
保护级别	国家二级保护野生动物

物种介绍 贝壳大型，成体壳高最大者可达77毫米，壳宽47毫米。壳质厚而坚实，外形呈塔状。有6个螺层，各层增长均匀，皆外凸；壳顶钝；体螺层膨大。壳面呈绿褐色或黄褐色。各螺层中部呈角状，上有2～3条念珠状的螺棱，在体螺层上有5条螺棱，并具有大的棘状突起。壳口近圆形，外唇较薄，在体螺层棘状突起处呈沟状突起，内唇厚，外折，上方贴覆于体螺层上，壳口内呈灰白色。脐孔小，经常被内唇所遮盖。厣为角质的红褐色梨形薄片，具有同心圆生长纹，厣核略靠近内唇中央处。仅生活在湖泊内，常以宽大的足部在湖底匍匐生活。

地理分布 我国分布于云南滇池、洱海、抚仙湖、异龙湖、大屯湖等湖泊。

杜丽娜 供图

30. 夜光蝾螺

学　名 *Turbo marmoratus*

分类地位 软体动物门MOLLUSCA，腹足纲GASTROPODA，原始腹足目 ARCHAEOGASTROPODA，蝾螺科Turbinidae

曾用学名 *Turbo cochlus*，*Turbo olearius*，*Turbo undulata*

英文名 Great Green Turban

别　名 蝾螺、夜光螺、夜光贝

保护级别 国家二级保护野生动物

物种介绍 贝壳大且厚重，近球形，壳长可达16.5厘米，为蝾螺科中最大的一个种；体螺层极其膨大，壳面平滑，缝合线浅，老个体体螺层的肩角上常具瘤状突起。壳口圆形，内珍珠层较厚，具珍珠光泽。厣石灰质，极厚重，近圆形，外部凸圆；无脐孔。贝壳呈暗绿色，具黑褐色和白色相间的纵带和色斑。多栖息于高温、高盐、水质清澈和海藻繁茂的岩礁和珊瑚礁质海底。

地理分布 我国分布于台湾、海南岛、西沙群岛、南沙群岛。国外分布于热带印度—太平洋。

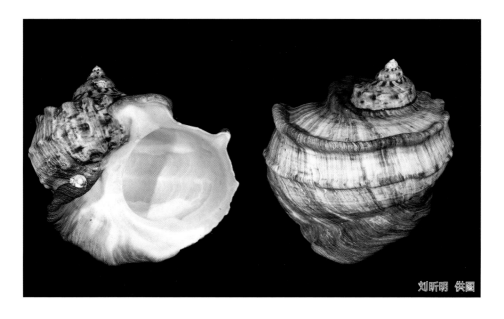

刘昕明 供图

31. 虎斑宝贝

学　　名 *Cypraea tigris*

分类地位 软体动物门MOLLUSCA，腹足纲GASTROPODA，中腹足目MESOGASTROPODA，宝贝科Cypraeidae

曾用学名 *Cypraea pardalis*，*Cypraea（Luponia）tigyris*

英 文 名 Tiger Cowry

别　　名 宝贝、货贝

保护级别 国家二级保护野生动物

物种介绍 贝壳较大，表面极光滑，富有陶瓷的光泽，呈卵圆形，壳质结实。壳色为灰白色或淡黄褐色，两侧缘为白色，壳面上布有许多大小不等、分布不均匀的黑褐色斑点，形似虎身上的斑纹，其色泽的浓淡常因栖息环境不同而有变化。为暖温性种类，常栖息在潮间带低潮区或稍深的岩石、珊瑚礁质海底。喜欢在黄昏和夜间活动觅食和交配。雌雄异体，卵生。主要以珊瑚动物为食，也取食海绵、有孔虫和小的甲壳动物。

地理分布 我国分布于海南岛、西沙群岛、南沙群岛沿海。国外分布于热带印度—太平洋。

李新正 供图

32. 唐冠螺

| 学　　名 | *Cassis cornuta* |

学　　名 *Cassis cornuta*

分类地位 软体动物门MOLLUSCA，腹足纲GASTROPODA，中腹足目 MESOGASTROPODA，冠螺科Cassididae

曾用学名 *Buccinum cornutum*，*Cassis cornuta*

英　文　名 Crown-snail

别　　名 海螺

保护级别 国家二级保护野生动物

物种介绍 壳高22.0 ～ 29.6厘米，壳宽18.5 ～ 22.0厘米，呈皇冠形，壳质极坚实而厚，有光泽，有9 ～ 10个螺层。壳顶尖。贝壳表面具有生长线和螺旋形的肋纹，两种肋纹相互交叉形成网状，每一螺层的肩部都具有结节状突起，体螺层上的结节状突起特别发达，呈圆锥状。体螺层上还有2条粗壮的横肋，上面也生有结节状突起。螺旋部和体螺层上具有一条片状的纵肋。贝壳表面呈灰白色，并具有不规则的红褐色斑纹。壳柱上平，呈淡橘黄色。多栖息在珊瑚礁间，平时壳口向下，多匍匐于珊瑚礁或海底，以爬行为主而生活。

地理分布 我国分布于南海。国外分布于印度—太平洋。

刘立明　摄

33. 法螺

学　名 *Charonia tritonis*

分类地位 软体动物门MOLLUSCA，腹足纲GASTROPODA，中腹足目MESOGASTROPODA，法螺科Charoniidae

曾用学名 *Eutritonium tritonis*，*Murex tritonis*，*Septa tritonia*，*Triton imbricata*

英文名 Trumpet Triton

别　名 大法螺

保护级别 国家二级保护野生动物

物种介绍 贝壳大型，壳高可达35厘米，外形似号角状。壳面具粗细相间的螺肋和结节状突起，螺肋光滑、宽平，其间有较深的螺沟及少数细肋；螺层常有两条明显的纵中肋。缝合线浅，各螺层在缝合线下的螺肋常呈波纹状。壳口卵圆形，内呈橘红色，外唇内缘具有成对的红褐色齿肋。轴唇上有白褐相间的条状褶襞。壳呈黄红色，具黄褐色或紫色鳞状花纹。多生活于水深约10米的浅海珊瑚礁或岩礁间，有藻类丛生处。

地理分布 我国分布于台湾、西沙群岛、南沙群岛沿海。国外分布于热带印度—西太平洋。

刘昕明　供图

34. 角珊瑚目所有种

学　　名	ANTIPATHARIA spp.
分类地位	刺胞动物门CNIDARIA，珊瑚纲ANTHOZOA
曾用学名	无
英 文 名	Black Coral，Thorn Corals
别　　名	黑珊瑚
保护级别	国家二级保护野生动物，CTIES附录Ⅱ
物种介绍	群体固着生活，呈羽状分枝状或鞭状等。珊瑚骨骼为黑色，具角

质；骨骼被一层薄的共肉包围。角珊瑚目的珊瑚虫具有6个不可收缩的触手，
生活在热带及亚热带深海中。

地理分布　广泛分布于全球热带及亚热带海区。我国东海、南海海域有分布。

黄晖 摄

35. 石珊瑚目所有种

学　　名	SCLERACTINIA spp.
分类地位	刺胞动物门 CNIDARIA，珊瑚纲 ANTHOZOA
曾用学名	无
英 文 名	Stony Corals、Hard Corals
别　　名	无
保护级别	国家二级保护野生动物，CTIES 附录 II

物种介绍　除了个别种类为大型单体外，其余均为群体生活。具有发达的钙质骨骼；水螅体触手及隔膜为6或6的倍数，隔膜成对发生，肌肉多相对而生。根据其是否具有珊瑚礁造礁功能可分为两个生态类型，即造礁石珊瑚和非造礁石珊瑚。其中造礁石珊瑚多具有虫黄藻且多分布于浅海区域，非造礁石珊瑚则多为深水石珊瑚。

地理分布　我国分布于东海、南海。国外广泛于包括太平洋、印度洋和大西洋等区域。

黄晖 供图

36. 苍珊瑚科所有种

学　　名 Helioporidae spp.

分类地位 刺胞动物门CNIDARIA，珊瑚纲ANTHOZOA，苍珊瑚目HELIOPORACEA

曾用学名 无

英 文 名 Blue Coral

别　　名 蓝珊瑚

保护级别 国家二级保护野生动物，CTIES附录 II

物种介绍 群体固着生活，具有大型骨骼。骨骼由霰石所组成，与石珊瑚目物种相似；群体形状多变，有的为树枝状，有的为圆块状；珊瑚水螅体触手和隔膜各8个；共骨颜色多为蓝色，多分布于浅水珊瑚礁区。

地理分布 我国分布于南海。国外分布于印度—太平洋区域的热带和亚热带海域。

黄晖 供图

37. 笙珊瑚

〰〰〰〰〰〰〰〰〰〰

学　　名　*Tubipora musica*

分类地位　刺胞动物门CNIDARIA，珊瑚纲ANTHOZOA，软珊瑚目ALCYONACEA，笙珊瑚科Tubiporidae

曾用学名　无

英文名　Organ-pipe Coral，Pipe Organ

别　　名　音乐珊瑚

保护级别　国家二级保护野生动物，CTIES附录Ⅱ

物种介绍　群体固着生活，形成大而圆的簇丛状或笙形。除珊瑚冠外，骨针体牢固融合，使得珊瑚群体拥有坚硬的骨骼。骨骼由许多红色的细管构成，细管的直径为1 ~ 2毫米，排列呈束状，形成笙管状。水螅体具有8个触手和8个隔膜，可以收缩回到水螅体茎内。在浅水珊瑚礁中生存。

地理分布　我国分布于南海。国外广泛分布于印度洋及太平洋。

黄辉 供图

38. 红珊瑚科所有种

学　　名　Coralliidae spp.

分类地位　刺胞动物门CNIDARIA，珊瑚纲ANTHOZOA，软珊瑚目 ALCYONACEA

曾用学名　无

英文名　Red Coral，Precious Corals

别　　名　无

保护级别　国家一级保护野生动物，CITES附录Ⅲ

物种介绍　群体分枝固着生活，分枝内有坚硬的中轴支撑，轴骨骼连续，由不分离的融合骨针体组成。珊瑚骨骼几乎都呈现红色。坚硬的骨骼支撑和保护着柔软的肉体部分，薄而透明的珊瑚活体组织层紧密覆盖在珊瑚骨骼之上。水螅体具有8个触手，且具有8个隔膜。

地理分布　我国分布于东海和南海。国外分布于太平洋、地中海、波罗的海和北大西洋，印度洋也有少量分布。

黄晖 供图

39. 粗糙竹节柳珊瑚

学　　名　*Isis hippuris*

分类地位　刺胞动物门CNIDARIA，珊瑚纲ANTHOZOA，软珊瑚目ALCYONACEA，竹节柳珊瑚科Isididae

曾用学名　无

英 文 名　Bamboo Coral

别　　名　无

保护级别　国家二级保护野生动物

物种介绍　群体固着生活，高度可达40厘米，基部附着于岩石；群体呈树状分枝但趋向于形成扇形面，主干扁平，初级分枝呈圆柱形，末端分枝粗短且密集。水螅体在珊瑚枝四周均匀分布，收缩后不形成突起的珊瑚萼而在皮层上留下一个个小孔。珊瑚骨骼中轴分节，角质中轴节间没有骨针，钙质中轴节间则由钙质骨针紧密黏合而成，其表面有均匀分布的纵向沟脊，群体的分枝从中轴节间处长出。从群体外表可分辨出轴节和膨大的节间所在位置。多生活于珊瑚礁区。

地理分布　我国分布于台湾和中沙群岛沿海。国外分布于澳大利亚、新赫布列群岛、印度尼西亚、菲律宾等沿海。

黄晖 供图

40. 细枝竹节柳珊瑚

学　　名　*Isis minorbrachyblasta*

分类地位　刺胞动物门CNIDARIA，珊瑚纲ANTHOZOA，软珊瑚目ALCYONACEA，竹节柳珊瑚科Isididae

曾用学名　无

英 文 名　Bamboo Coral

别　　名　无

保护级别　国家二级保护野生动物

物种介绍　群体固着生活，高度可达35厘米，基部为坚硬块状；群体呈树状分枝，末端珊瑚枝细短且密集，皮层厚1 ～ 1.2毫米。水螅体在珊瑚枝四周均匀分布，完全收缩后不形成突起的珊瑚萼而在皮层上留下一个个圆形小孔。珊瑚骨骼中轴分节，浅棕色中轴节中没有骨针，白色钙质中轴节间则由骨针彼此牢固黏合而成，分枝从中轴节间处长出。多生活于珊瑚礁区。

地理分布　我国分布于南沙群岛沿海。

黄晖 供图

41.网枝竹节柳珊瑚

学　名　*Isis reticulata*

分类地位　刺胞动物门CNIDARIA，珊瑚纲ANTHOZOA，软珊瑚目ALCYONACEA，竹节柳珊瑚科Isididae

曾用学名　无

英文名　Bamboo Coral

别　名　无

保护级别　国家二级保护野生动物

物种介绍　群体固着生活，高可达65厘米，基部为坚硬块；群体分枝趋向于形成一个扇面，主干圆柱状，分枝有若干处彼此吻合而形成网状，末端珊瑚枝细长而疏散。水螅体在珊瑚枝四周均匀分布，完全收缩后不形成突起的珊瑚萼而在皮层上留下一个个小孔。中轴分节，角质中轴节间没有骨针，钙质中轴节间则由钙质骨针紧密黏合而成，其表面有均匀分布的纵向沟脊。群体的分枝从中轴节间上长出。多生活于珊瑚礁区。

地理分布　我国分布于西沙群岛沿海。国外分布于菲律宾、印度尼西亚沿海。

 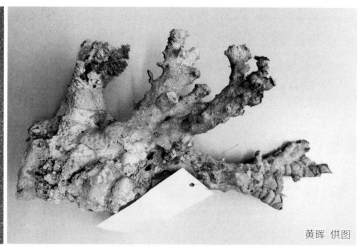

黄晖 供图

42. 分叉多孔螅

学　　名　*Millepora dichotoma*

分类地位　刺胞动物门 CNIDARIA，水螅纲 HYDROZOA，花裸螅目 ANTH-OATHECATA，多孔螅科 Milleporidae

曾用学名　无

英 文 名　Fire Coral

别　　名　水螅珊瑚

保护级别　国家二级保护野生动物，CTIES 附录 II

物种介绍　群体分枝固着生活，扁平分枝融合成直立网状板，群体通常由一个以上的板组成，且板之间没有结合；基部的分枝通常合并形成实心板；板的上部边缘自由分叉，尖端圆形或钝；群体表面光滑均匀，表面的孔清晰且数量众多。生活于浅水珊瑚礁区。

地理分布　我国分布于南海。国外分布于西太平洋、印度洋和红海。

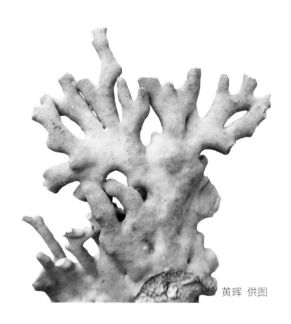

黄晖 供图

43. 节块多孔螅

学　名　*Millepora exaesa*

分类地位　刺胞动物门CNIDARIA，水螅纲HYDROZOA，花裸螅目ANTH-OATHECATA，多孔螅科Milleporidae

曾用学名　无

英文名　Fire Coral

别　名　水螅珊瑚

保护级别　国家二级保护野生动物，CTIES附录Ⅱ

物种介绍　群体生活，可附着或自由生活，形态为亚团块状，表面有不规则隆起。附着的群体具有短、带节且垂直向上生长的小分枝；自由生活的群体的形态由基部珊瑚的分枝决定，分枝表面被大量结节覆盖，相邻的小结节通常合并成更大、更宽的突起，顶端圆形且钝。群体表面孔明显。生活于浅水珊瑚礁区。

地理分布　我国分布于南海。国外分布于西太平洋、印度洋和红海。

黄晖 供图

44. 窝形多孔螅

学　　名 *Millepora foveolata*

分类地位 刺胞动物门 CNIDARIA，水螅纲 HYDROZOA，花裸螅目 ANTH-
OATHECATA，多孔螅科 Milleporidae

曾用学名 无

英 文 名 Fire Coral

别　　名 水螅珊瑚

保护级别 国家二级保护野生动物，CTIES 附录 II

物种介绍 群体生活，群体形态为皮壳状，表面有不规则隆起；群体表面具
有脊，包围单个或一组表面孔，使群体表面呈现精细的褶皱状。生活于浅水
珊瑚礁区。

地理分布 我国分布于南海。国外分布于西太平洋、印度洋和红海。极为少见。

黄晖 供图

45. 错综多孔螅

学　　名	*Millepora intricata*
分类地位	刺胞动物门CNIDARIA，水螅纲HYDROZOA，花裸螅目ANTH-OATHECATA，多孔螅科Milleporidae
曾用学名	无
英 文 名	Fire Coral，Stinging Coral
别　　名	水螅珊瑚、纠结千孔珊瑚
保护级别	国家二级保护野生动物，CTIES附录Ⅱ
物种介绍	群体分枝固着生活，珊瑚骨骼由稀疏、短而细的分枝纵横交错分枝连成复杂的结构。分枝近圆柱状，顶端上部的边缘逐渐变细。群体基部不会合并成一个板块；表面光滑，表面孔细小不明显。生活时为苍白色或褐色。为热带海域特有物种，一般分布在深30米以内的浅海区，与造礁石珊瑚一起生长，是重要的造礁生物之一。
地理分布	我国分布于海南岛沿海。国外分布于西太平洋、东印度洋，东太平洋也有少量记录。

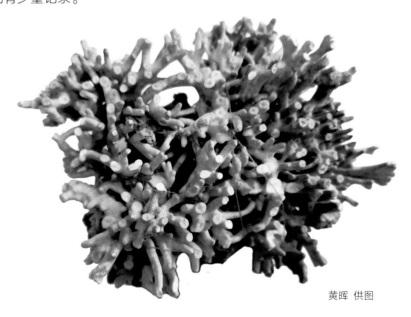

黄晖 供图

46. 阔叶多孔螅

学　　名	*Millepora latifolia*
分类地位	刺胞动物门CNIDARIA，水螅纲HYDROZOA，花裸螅目ANTH-OATHECATA，多孔螅科Milleporidae
曾用学名	无
英 文 名	Fire Coral
别　　名	水螅珊瑚
保护级别	国家二级保护野生动物，CTIES附录Ⅱ
物种介绍	群体固着生活，由直立枝与尖头融合的板状结构组成，可形成卵形突起，在突起上又有许多直立的小分枝；大多数分枝在一个平面上，板块可能有一些横向分枝，或多或少垂直于主平面；群体表面比较光滑和均匀，表面孔清晰且相当大。生活于浅水珊瑚礁区。
地理分布	我国分布于南海。国外分布于西太平洋、印度洋。

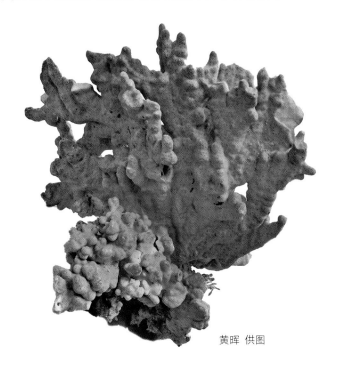

黄晖 供图

47. 扁叶多孔螅

学　　名　*Millepora platyphylla*

分类地位　刺胞动物门CNIDARIA，水螅纲HYDROZOA，花裸螅目ANTH-OATHECATA，多孔螅科Milleporidae

曾用学名　无

英 文 名　Blade Fire Coral，Plate Fire Coral

别　　名　板叶千孔珊瑚

保护级别　国家二级保护野生动物，CTIES附录II

物种介绍　群体固着生活，由直立的大块板状结构组成，不同的板状结构组合形成平行的板层或融合成蜂窝状结构，板的上边缘直或分成裂片，表面不光滑，具有小疣突；表面孔明显且数量多。生活于浅水珊瑚礁区。

地理分布　我国分布于东海和南海。国外主要分布于太平洋、印度洋、红海，少量分布于南大西洋。

黄晖 供图

48. 娇嫩多孔螅

学　　名	*Millepora tenera*
分类地位	刺胞动物门CNIDARIA，水螅纲HYDROZOA，花裸螅目 ANTHOATHECATA，多孔螅科Milleporidae
曾用学名	无
英 文 名	Fire Coral
别　　名	板枝千孔珊瑚
保护级别	国家二级保护野生动物，CTIES附录 II
物种介绍	群体固着生活，分枝状，分枝从中心点辐射形成的扇形分枝共同组成半球形群体，下部的分枝通常合并成实心板；上部板的上边缘自由分叉，尖端圆形或钝。小枝在板的边缘出现，呈扇形。生活于浅水珊瑚礁区。
地理分布	我国分布于西沙群岛与台湾岛沿海。国外分布于西太平洋和印度洋，在红海地区也有记录。

黄晖 供图

49. 无序双孔螅

学　　名　*Distichopora irregularis*

分类地位　刺胞动物门CNIDARIA，水螅纲HYDROZOA，花裸螅目ANTH-OATHECATA，柱星螅科Stylasteridae

曾用学名　无

英　文　名　Lace Coral

别　　名　水螅珊瑚

保护级别　国家二级保护野生动物，CTIES附录Ⅱ

物种介绍　群体分枝固着生活，分枝不规则，总体呈扇形但在扇形平面上适度扁平，且在顶端更为扁平；共骨的表面质地细密；近圆形的营养孔组成排，孔较深，孔的间隔和孔的直径近乎相同，孔排通常以不同的角度连接在一起；还有指状孔稀疏地分布在营养孔排的两侧；群体多呈浅粉红色。生活于浅水珊瑚礁区。

地理分布　我国分布于南海。国外分布于西太平洋。

黄晖 供图

50. 紫色双孔螅

学　名 *Distichopora violacea*

分类地位 刺胞动物门CNIDARIA，水螅纲HYDROZOA，花裸螅目ANTH-OATHECATA，柱星螅科Stylasteridae

曾用学名 无

英文名 Violet Hydrocoral，Stylaster Coral，Lace Coral

别　名 紫侧孔珊瑚

保护级别 国家二级保护野生动物，CTIES附录II

物种介绍 群体固着生活，具分枝且分枝呈扇形，高度可超过8厘米，通常有几根大小相似的分枝。分枝前后压缩，顶部钝，通常紧密地生长在一起，使分枝之间的空间比分枝本身小。共骨表面尤其是在分枝顶部的表面相当粗糙，具有微小的圆形或椭圆形扁平结节。分枝两侧的沟相当深，营养孔比较大。群体颜色为紫色、粉色、棕色或橙色，分枝顶部通常为白色。生活于浅水珊瑚礁区。

地理分布 我国分布于西沙群岛与台湾岛沿海。国外分布于西太平洋和印度洋，红海地区也有记录。

黄晖 供图

51. 佳丽刺柱螅

学 名 *Errina dabneyi*

分类地位 刺胞动物门CNIDARIA，水螅纲HYDROZOA，花裸螅目ANTH-OATHECATA，柱星螅科 Stylasteridae

曾用学名 无

英 文 名 Lace Coral

别 名 无

保护级别 国家二级保护野生动物，CTIES附录II

物种介绍 群体生活，为单平面分枝状，高度可达30厘米；分枝圆柱状，小直径的分枝从大直径的主枝上垂直分出；共骨呈网状或颗粒状结构；营养孔圆。生活于浅水珊瑚礁区。

地理分布 我国分布于南海。国外分布于西太平洋、大西洋。

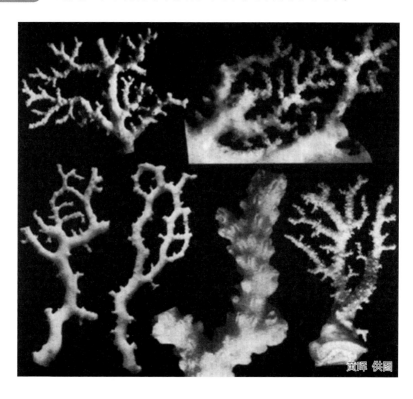

黄晖 供图

52. 扇形柱星螅

学　　名　*Stylaster flabelliformis*

分类地位　刺胞动物门CNIDARIA，水螅纲HYDROZOA，花裸螅目ANTH-OATHECATA，柱星螅科Stylasteridae

曾用学名　无

英 文 名　Lace Coral

别　　名　无

保护级别　国家二级保护野生动物，CTIES附录Ⅱ

物种介绍　群体分枝固着生活，群体较大，高度可超过35厘米；群体扇形且几乎完全分布在一个平面上，大的分枝在一个平面向周围辐射，大分枝之间的空间紧密充满小的分枝，分枝几乎不愈合；分枝表面有细条纹，条纹是一排纵向排列的细孔；在一些分枝上有许多细刺；共骨的颜色为白色。生活于浅水珊瑚礁区。

地理分布　我国分布于南海。国外分布于西太平洋、印度洋。

黄晖 供图

53. 细巧柱星螅

学　名 *Stylaster gracilis*

分类地位 刺胞动物门CNIDARIA，水螅纲HYDROZOA，花裸螅目ANTH-OATHECATA，柱星螅科Stylasteridae

曾用学名 无

英文名 Lace Coral

别　名 无

保护级别 国家二级保护野生动物，CTIES附录II

物种介绍 群体分枝浓密，群体小，高度约为4.5厘米；群体分枝为二歧分枝且笔直而不弯曲，分枝不等长也不合并；分枝圆柱状，共骨为亮橙色到粉色，分枝末端通常为白色；营养孔圆柱形。生活于浅水珊瑚礁区。

地理分布 我国分布于南海。国外分布于西太平洋。

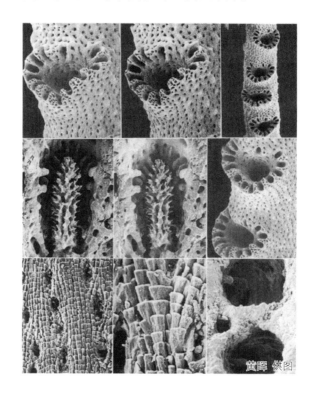

黄晖 供图

54. 佳丽柱星螅

学　　名 *Stylaster pulcher*

分类地位 刺胞动物门CNIDARIA，水螅纲HYDROZOA，花裸螅目ANTH-OATHECATA，柱星螅科Stylasteridae

曾用学名 无

英 文 名 Lace Coral

别　　名 无

保护级别 国家二级保护野生动物，CTIES附录Ⅱ

物种介绍 群体分枝固着生活，分枝不规则，通常组成扇形；分枝不合并，表面非常精细且常有白色印记，尤其是在基部；主干和次枝都非常厚和圆，或者呈轻微压缩状，分枝直径由基部向顶部逐渐递减，从分枝上还可分出许多短小的小枝，这些小枝相对坚硬；群体呈黄红色或亮瓦红色。生活于浅水珊瑚礁区。

地理分布 我国分布于南海。国外分布于西太平洋。

黄晖 供图

55. 艳红柱星螅

学　名	*Stylaster sanguineus*
分类地位	刺胞动物门CNIDARIA，水螅纲HYDROZOA，花裸螅目ANTH-OATHECATA，柱星螅科Stylasteridae
曾用学名	*Stylaster elegans*
英文名	Lace Coral
别　名	华丽柱星螅
保护级别	国家二级保护野生动物，CTIES附录Ⅱ

物种介绍　群体固着生活，具分枝，分枝呈扁平状；口环系分布在分枝的侧面，由小的管状孔围绕大的营养孔形成；群体为鲜艳的粉红色或白色。生活于浅水珊瑚礁区。

地理分布　我国分布于西沙群岛沿海。国外分布于西太平洋热带至温带海域。

黄晖 供图

56. 粗糙柱星螅

学　名　*Stylaster scabiosus*

分类地位　刺胞动物门CNIDARIA，水螅纲HYDROZOA，花裸螅目ANTH-OATHECATA，柱星螅科Stylasteridae

曾用学名　无

英　文　名　Lace Coral

别　名　无

保护级别　国家二级保护野生动物，CTIES附录Ⅱ

物种介绍　群体分枝固着生活，群体细长，分枝多数在一个平面上；口环系在周围小枝的所有边都存在，主枝背面则几乎没有口环系；群体颜色为红色到浅粉红色。生活于浅水珊瑚礁区。

地理分布　我国分布于台湾附近海域。国外分布于西太平洋、鄂霍次克海。

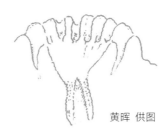

黄晖 供图

附　录

1.国家重点保护野生动物名录（水生动物物种）

中文名	学名	保护级别	备注
脊索动物门 CHORDATA			
哺乳纲 MAMMALIA			
食肉目	CARNIVORA		
鼬科	Mustelidae		
小爪水獭	*Aonyx cinerea*	二级	
水獭	*Lutra lutra*	二级	
江獭	*Lutrogale perspicillata*	二级	
海狮科 #	Otariidae		
北海狗	*Callorhinus ursinus*	二级	
北海狮	*Eumetopias jubatus*	二级	
海豹科 #	Phocidae		
西太平洋斑海豹	*Phoca largha*	一级	原名"斑海豹"
髯海豹	*Erignathus barbatus*	二级	
环海豹	*Pusa hispida*	二级	
海牛目 #	SIRENIA		
儒艮科	Dugongidae		
儒艮	*Dugong dugon*	一级	
鲸目 #	CETACEA		
露脊鲸科	Balaenidae		
北太平洋露脊鲸	*Eubalaena japonica*	一级	
灰鲸科	Eschrichtiidae		
灰鲸	*Eschrichtius robustus*	一级	
须鲸科	Balaenopteridae		
蓝鲸	*Balaenoptera musculus*	一级	
小须鲸	*Balaenoptera acutorostrata*	一级	

中文名	学名	保护级别		备注
塞鲸	*Balaenoptera borealis*	一级		
布氏鲸	*Balaenoptera edeni*	一级		
大村鲸	*Balaenoptera omurai*	一级		
长须鲸	*Balaenoptera physalus*	一级		
大翅鲸	*Megaptera novaeangliae*	一级		
白鱀豚科	Lipotidae			
白鱀豚	*Lipotes vexillifer*	一级		
恒河豚科	Platanistidae			
恒河豚	*Platanista gangetica*	一级		
海豚科	Delphinidae			
中华白海豚	*Sousa chinensis*	一级		
糙齿海豚	*Steno bredanensis*		二级	
热带点斑原海豚	*Stenella attenuata*		二级	
条纹原海豚	*Stenella coeruleoalba*		二级	
飞旋原海豚	*Stenella longirostris*		二级	
长喙真海豚	*Delphinus capensis*		二级	
真海豚	*Delphinus delphis*		二级	
印太瓶鼻海豚	*Tursiops aduncus*		二级	
瓶鼻海豚	*Tursiops truncatus*		二级	
弗氏海豚	*Lagenodelphis hosei*		二级	
里氏海豚	*Grampus griseus*		二级	
太平洋斑纹海豚	*Lagenorhynchus obliquidens*		二级	
瓜头鲸	*Peponocephala electra*		二级	
虎鲸	*Orcinus orca*		二级	
伪虎鲸	*Pseudorca crassidens*		二级	
小虎鲸	*Feresa attenuata*		二级	
短肢领航鲸	*Globicephala macrorhynchus*		二级	
鼠海豚科	Phocoenidae			
长江江豚	*Neophocaena asiaeorientalis*	一级		
东亚江豚	*Neophocaena sunameri*		二级	
印太江豚	*Neophocaena phocaenoides*		二级	

中文名	学名	保护级别		备注
抹香鲸科	Physeteridae			
抹香鲸	*Physeter macrocephalus*	一级		
小抹香鲸	*Kogia breviceps*		二级	
侏抹香鲸	*Kogia sima*		二级	
喙鲸科	Ziphidae			
鹅喙鲸	*Ziphius cavirostris*		二级	
柏氏中喙鲸	*Mesoplodon densirostris*		二级	
银杏齿中喙鲸	*Mesoplodon ginkgodens*		二级	
小中喙鲸	*Mesoplodon peruvianus*		二级	
贝氏喙鲸	*Berardius bairdii*		二级	
朗氏喙鲸	*Indopacetus pacificus*		二级	
爬行纲 REPTILIA				
龟鳖目	TESTUDINES			
平胸龟科#	Platysternidae			
平胸龟	*Platysternon megacephalum*		二级	仅限野外种群
地龟科	Geoemydidae			
欧氏摄龟	*Cyclemys oldhami*		二级	
黑颈乌龟	*Mauremys nigricans*		二级	仅限野外种群
乌龟	*Mauremys reevesii*		二级	仅限野外种群
花龟	*Mauremys sinensis*		二级	仅限野外种群
黄喉拟水龟	*Mauremys mutica*		二级	仅限野外种群
闭壳龟属所有种	*Cuora* spp.		二级	仅限野外种群
地龟	*Geoemyda spengleri*		二级	
眼斑水龟	*Sacalia bealei*		二级	仅限野外种群
四眼斑水龟	*Sacalia quadriocellata*		二级	仅限野外种群
海龟科#	Cheloniidae			
红海龟	*Caretta caretta*	一级		原名"蠵龟"
绿海龟	*Chelonia mydas*	一级		
玳瑁	*Eretmochelys imbricata*	一级		
太平洋丽龟	*Lepidochelys olivacea*	一级		
棱皮龟科#	Dermochelyidae			

（续）

中文名	学名	保护级别		备注
棱皮龟	*Dermochelys coriacea*	一级		
鳖科	Trionychidae			
鼋	*Pelochelys cantorii*	一级		
山瑞鳖	*Palea steindachneri*		二级	仅限野外种群
斑鳖	*Rafetus swinhoei*	一级		
有鳞目	SQUAMATA			
瘰鳞蛇科	Acrochordidae			
瘰鳞蛇	*Acrochordus granulatus*		二级	
眼镜蛇科	Elapidae			
蓝灰扁尾海蛇	*Laticauda colubrina*		二级	
扁尾海蛇	*Laticauda laticaudata*		二级	
半环扁尾海蛇	*Laticauda semifasciata*		二级	
龟头海蛇	*Emydocephalus ijimae*		二级	
青环海蛇	*Hydrophis cyanocinctus*		二级	
环纹海蛇	*Hydrophis fasciatus*		二级	
黑头海蛇	*Hydrophis melanocephalus*		二级	
淡灰海蛇	*Hydrophis ornatus*		二级	
棘眦海蛇	*Hydrophis peronii*		二级	
棘鳞海蛇	*Hydrophis stokesii*		二级	
青灰海蛇	*Hydrophis caerulescens*		二级	
平颏海蛇	*Hydrophis curtus*		二级	
小头海蛇	*Hydrophis gracilis*		二级	
长吻海蛇	*Hydrophis platurus*		二级	
截吻海蛇	*Hydrophis jerdonii*		二级	
海蝰	*Hydrophis viperinus*		二级	
鳄目	CROCODYLIA			
鼍科#	Alligatoridae			
扬子鳄	*Alligator sinensis*	一级		
两栖纲 AMPHIBIA				
有尾目	CAUDATA			
小鲵科#	Hynobiidae			

中文名	学名	保护级别	备注
安吉小鲵	*Hynobius amjiensis*	一级	
中国小鲵	*Hynobius chinensis*	一级	
挂榜山小鲵	*Hynobius guabangshanensis*	一级	
猫儿山小鲵	*Hynobius maoershanensis*	一级	
普雄原鲵	*Protohynobius puxiongensis*	一级	
辽宁爪鲵	*Onychodactylus zhaoermii*	一级	
吉林爪鲵	*Onychodactylus zhangyapingi*	二级	
新疆北鲵	*Ranodon sibiricus*	二级	
极北鲵	*Salamandrella keyserlingii*	二级	
巫山巴鲵	*Liua shihi*	二级	
秦巴巴鲵	*Liua tsinpaensis*	二级	
黄斑拟小鲵	*Pseudohynobius flavomaculatus*	二级	
贵州拟小鲵	*Pseudohynobius guizhouensis*	二级	
金佛拟小鲵	*Pseudohynobius jinfo*	二级	
宽阔水拟小鲵	*Pseudohynobius kuankuoshuiensis*	二级	
水城拟小鲵	*Pseudohynobius shuichengensis*	二级	
弱唇褶山溪鲵	*Batrachuperus cochranae*	二级	
无斑山溪鲵	*Batrachuperus karlschmidti*	二级	
龙洞山溪鲵	*Batrachuperus londongensis*	二级	
山溪鲵	*Batrachuperus pinchonii*	二级	
西藏山溪鲵	*Batrachuperus tibetanus*	二级	
盐源山溪鲵	*Batrachuperus yenyuanensis*	二级	
阿里山小鲵	*Hynobius arisanensis*	二级	
台湾小鲵	*Hynobius formosanus*	二级	
观雾小鲵	*Hynobius fuca*	二级	
南湖小鲵	*Hynobius glacialis*	二级	
东北小鲵	*Hynobius leechii*	二级	
楚南小鲵	*Hynobius sonani*	二级	
义乌小鲵	*Hynobius yiwuensis*	二级	
隐鳃鲵科	Cryptobranchidae		
大鲵	*Andrias davidianus*	二级	仅限野外种群

中文名	学名	保护级别	备注
蝾螈科	Salamandridae		
潮汕蝾螈	*Cynops orphicus*	二级	
大凉螈	*Liangshantriton taliangensis*	二级	原名"大凉疣螈"
贵州疣螈	*Tylototriton kweichowensis*	二级	
川南疣螈	*Tylototriton pseudoverrucosus*	二级	
丽色疣螈	*Tylototriton pulcherrima*	二级	
红瘰疣螈	*Tylototriton shanjing*	二级	
棕黑疣螈	*Tylototriton verrucosus*	二级	原名"细瘰疣螈"
滇南疣螈	*Tylototriton yangi*	二级	
安徽瑶螈	*Yaotriton anhuiensis*	二级	
细痣瑶螈	*Yaotriton asperrimus*	二级	原名"细痣疣螈"
宽脊瑶螈	*Yaotriton broadoridgus*	二级	
大别瑶螈	*Yaotriton dabienicus*	二级	
海南瑶螈	*Yaotriton hainanensis*	二级	
浏阳瑶螈	*Yaotriton liuyangensis*	二级	
莽山瑶螈	*Yaotriton lizhenchangi*	二级	
文县瑶螈	*Yaotriton wenxianensis*	二级	
蔡氏瑶螈	*Yaotriton ziegleri*	二级	
镇海棘螈	*Echinotriton chinhaiensis*	一级	原名"镇海疣螈"
琉球棘螈	*Echinotriton andersoni*	二级	
高山棘螈	*Echinotriton maxiquadratus*	二级	
橙脊瘰螈	*Paramesotriton aurantius*	二级	
尾斑瘰螈	*Paramesotriton caudopunctatus*	二级	
中国瘰螈	*Paramesotriton chinensis*	二级	
越南瘰螈	*Paramesotriton deloustali*	二级	
富钟瘰螈	*Paramesotriton fuzhongensis*	二级	
广西瘰螈	*Paramesotriton guangxiensis*	二级	
香港瘰螈	*Paramesotriton hongkongensis*	二级	
无斑瘰螈	*Paramesotriton labiatus*	二级	
龙里瘰螈	*Paramesotriton longliensis*	二级	
茂兰瘰螈	*Paramesotriton maolanensis*	二级	

（续）

中文名	学名	保护级别	备注
七溪岭瘰螈	*Paramesotriton qixilingensis*	二级	
武陵瘰螈	*Paramesotriton wulingensis*	二级	
云雾瘰螈	*Paramesotriton yunwuensis*	二级	
织金瘰螈	*Paramesotriton zhijinensis*	二级	
无尾目	ANURA		
叉舌蛙科	Dicroglossidae		
虎纹蛙	*Hoplobatrachus chinensis*	二级	仅限野外种群
脆皮大头蛙	*Limnonectes fragilis*	二级	
叶氏肛刺蛙	*Yerana yei*	二级	
蛙科	Ranidae		
海南湍蛙	*Amolops hainanensis*	二级	
香港湍蛙	*Amolops hongkongensis*	二级	
小腺蛙	*Glandirana minima*	二级	
务川臭蛙	*Odorrana wuchuanensis*	二级	
文昌鱼纲 AMPHIOXI			
文昌鱼目	AMPHIOXIFORMES		
文昌鱼科 #	Branchiostomatidae		
厦门文昌鱼	*Branchiostoma belcheri*	二级	仅限野外种群。原名"文昌鱼"
青岛文昌鱼	*Branchiostoma tsingdauense*	二级	仅限野外种群
圆口纲 CYCLOSTOMATA			
七鳃鳗目	PETROMYZONTIFORMES		
七鳃鳗科 #	Petromyzontidae		
日本七鳃鳗	*Lampetra japonica*	二级	
东北七鳃鳗	*Lampetra morii*	二级	
雷氏七鳃鳗	*Lampetra reissneri*	二级	
软骨鱼纲 CHONDRICHTHYES			
鼠鲨目	LAMNIFORMES		
姥鲨科	Cetorhinidae		
姥鲨	*Cetorhinus maximus*	二级	
鼠鲨科	Lamnidae		
噬人鲨	*Carcharodon carcharias*	二级	

中文名	学名	保护级别	备注
须鲨目	ORECTOLOBIFORMES		
鲸鲨科	Rhincodontidae		
鲸鲨	*Rhincodon typus*	二级	
鲼目	MYLIOBATIFORMES		
魟科	Dasyatidae		
黄魟	*Dasyatis bennettii*	二级	仅限陆封种群
	硬骨鱼纲 OSTEICHTHYES		
鲟形目 #	ACIPENSERIFORMES		
鲟科	Acipenseridae		
中华鲟	*Acipenser sinensis*	一级	
长江鲟	*Acipenser dabryanus*	一级	原名"达氏鲟"
鳇	*Huso dauricus*	一级	仅限野外种群
西伯利亚鲟	*Acipenser baerii*	二级	仅限野外种群
裸腹鲟	*Acipenser nudiventris*	二级	仅限野外种群
小体鲟	*Acipenser ruthenus*	二级	仅限野外种群
施氏鲟	*Acipenser schrenckii*	二级	仅限野外种群
匙吻鲟科	Polyodontidae		
白鲟	*Psephurus gladius*	一级	
鳗鲡目	ANGUILLIFORMES		
鳗鲡科	Anguillidae		
花鳗鲡	*Anguilla marmorata*	二级	
鲱形目	CLUPEIFORMES		
鲱科	Clupeidae		
鲥	*Tenualosa reevesii*	一级	
鲤形目	CYPRINIFORMES		
双孔鱼科	Gyrinocheilidae		
双孔鱼	*Gyrinocheilus aymonieri*	二级	仅限野外种群
裸吻鱼科	Psilorhynchidae		
平鳍裸吻鱼	*Psilorhynchus homaloptera*	二级	
亚口鱼科	Catostomidae		原名"胭脂鱼科"
胭脂鱼	*Myxocyprinus asiaticus*	二级	仅限野外种群

中文名	学名	保护级别		备注
鲤科	Cyprinidae			
唐鱼	*Tanichthys albonubes*		二级	仅限野外种群
稀有鮈鲫	*Gobiocypris rarus*		二级	仅限野外种群
鯮	*Luciobrama macrocephalus*		二级	
多鳞白鱼	*Anabarilius polylepis*		二级	
山白鱼	*Anabarilius transmontanus*		二级	
北方铜鱼	*Coreius septentrionalis*	一级		
圆口铜鱼	*Coreius guichenoti*		二级	仅限野外种群
大鼻吻鮈	*Rhinogobio nasutus*		二级	
长鳍吻鮈	*Rhinogobio ventralis*		二级	
平鳍鳅鮀	*Gobiobotia homalopteroidea*		二级	
单纹似鳡	*Luciocyprinus langsoni*		二级	
金线鲃属所有种	*Sinocyclocheilus* spp.		二级	
四川白甲鱼	*Onychostoma angustistomata*		二级	
多鳞白甲鱼	*Onychostoma macrolepis*		二级	仅限野外种群
金沙鲈鲤	*Percocypris pingi*		二级	仅限野外种群
花鲈鲤	*Percocypris regani*		二级	仅限野外种群
后背鲈鲤	*Percocypris retrodorslis*		二级	仅限野外种群
张氏鲈鲤	*Percocypris tchangi*		二级	仅限野外种群
裸腹盲鲃	*Typhlobarbus nudiventris*		二级	
角鱼	*Akrokolioplax bicornis*		二级	
骨唇黄河鱼	*Chuanchia labiosa*		二级	
极边扁咽齿鱼	*Platypharodon extremus*		二级	仅限野外种群
细鳞裂腹鱼	*Schizothorax chongi*		二级	仅限野外种群
巨须裂腹鱼	*Schizothorax macropogon*		二级	
重口裂腹鱼	*Schizothorax davidi*		二级	仅限野外种群
拉萨裂腹鱼	*Schizothorax waltoni*		二级	仅限野外种群
塔里木裂腹鱼	*Schizothorax biddulphi*		二级	仅限野外种群
大理裂腹鱼	*Schizothorax taliensis*		二级	仅限野外种群
扁吻鱼	*Aspiorhynchus laticeps*	一级		原名"新疆大头鱼"
厚唇裸重唇鱼	*Gymnodiptychus pachycheilus*		二级	仅限野外种群

中文名	学名	保护级别		备注
斑重唇鱼	*Diptychus maculatus*		二级	
尖裸鲤	*Oxygymnocypris stewartii*	二级		仅限野外种群
大头鲤	*Cyprinus pellegrini*	二级		仅限野外种群
小鲤	*Cyprinus micristius*	二级		
抚仙鲤	*Cyprinus fuxianensis*	二级		
岩原鲤	*Procypris rabaudi*	二级		仅限野外种群
乌原鲤	*Procypris merus*	二级		
大鳞鲢	*Hypophthalmichthys harmandi*	二级		
鳅科	Cobitidae			
红唇薄鳅	*Leptobotia rubrilabris*	二级		仅限野外种群
黄线薄鳅	*Leptobotia flavolineata*	二级		
长薄鳅	*Leptobotia elongata*	二级		仅限野外种群
条鳅科	Nemacheilidae			
无眼岭鳅	*Oreonectes anophthalmus*	二级		
拟鲇高原鳅	*Triplophysa siluroides*	二级		仅限野外种群
湘西盲高原鳅	*Triplophysa xiangxiensis*	二级		
小头高原鳅	*Triphophysa minuta*	二级		
爬鳅科	Balitoridae			
厚唇原吸鳅	*Protomyzon pachychilus*	二级		
鲇形目	SILURIFORMES			
鲿科	Bagridae			
斑鳠	*Hemibagrus guttatus*	二级		仅限野外种群
鲇科	Siluridae			
昆明鲇	*Silurus mento*	二级		
𩷶科	Pangasiidae			
长丝𩷶	*Pangasius sanitwangsei*	一级		
钝头鮠科	Amblycipitidae			
金氏䱀	*Liobagrus kingi*	二级		
鮡科	Sisoridae			
长丝黑鮡	*Gagata dolichonema*	二级		
青石爬鮡	*Euchiloglanis davidi*	二级		

（续）

中文名	学名	保护级别		备注
黑斑原鮡	*Glyptosternum maculatum*		二级	
鱼芒	*Bagarius bagarius*		二级	
红鱼芒	*Bagarius rutilus*		二级	
巨鱼芒	*Bagarius yarrelli*		二级	
鲑形目	SALMONIFORMES			
鲑科	Salmonidae			
细鳞鲑属所有种	*Brachymystax* spp.		二级	仅限野外种群
川陕哲罗鲑	*Hucho bleekeri*	一级		
哲罗鲑	*Hucho taimen*		二级	仅限野外种群
石川氏哲罗鲑	*Hucho ishikawai*		二级	
花羔红点鲑	*Salvelinus malma*		二级	仅限野外种群
马苏大马哈鱼	*Oncorhynchus masou*		二级	
北鲑	*Stenodus leucichthys*		二级	
北极茴鱼	*Thymallus arcticus*		二级	仅限野外种群
下游黑龙江茴鱼	*Thymallus tugarinae*		二级	仅限野外种群
鸭绿江茴鱼	*Thymallus yaluensis*		二级	仅限野外种群
海龙鱼目	SYNGNATHIFORMES			
海龙鱼科	Syngnathidae			
海马属所有种	*Hippocampus* spp.		二级	仅限野外种群
鲈形目	PERCIFORMES			
石首鱼科	Sciaenidae			
黄唇鱼	*Bahaba taipingensis*	一级		
隆头鱼科	Labridae			
波纹唇鱼	*Cheilinus undulatus*		二级	仅限野外种群
鲉形目	SCORPAENIFORMES			
杜父鱼科	Cottidae			
松江鲈	*Trachidermus fasciatus*		二级	仅限野外种群。原名"松江鲈鱼"
半索动物门 HEMICHORDATA				
肠鳃纲 ENTEROPNEUSTA				
柱头虫目	BALANOGLOSSIDA			

中文名	学名	保护级别		备注
殖翼柱头虫科	Ptychoderidae			
多鳃孔舌形虫	*Glossobalanus polybranchioporus*	一级		
三崎柱头虫	*Balanoglossus misakiensis*		二级	
短殖舌形虫	*Glossobalanus mortenseni*		二级	
肉质柱头虫	*Balanoglossus carnosus*		二级	
黄殖翼柱头虫	*Ptychodera flava*		二级	
史氏柱头虫科	Spengeliidae			
青岛橡头虫	*Glandiceps qingdaoensis*		二级	
玉钩虫科	Harrimaniidae			
黄岛长吻虫	*Saccoglossus hwangtauensis*	一级		
节肢动物门 ARTHROPODA				
肢口纲 MEROSTOMATA				
剑尾目	XIPHOSURA			
鲎科#	Tachypleidae			
中国鲎	*Tachypleus tridentatus*		二级	
圆尾蝎鲎	*Carcinoscorpius rotundicauda*		二级	
软甲纲 MALACOSTRACA				
十足目	DECAPODA			
龙虾科	Palinuridae			
锦绣龙虾	*Panulirus ornatus*		二级	仅限野外种群
软体动物门 MOLLUSCA				
双壳纲 BIVALVIA				
珍珠贝目	PTERIOIDA			
珍珠贝科	Pteriidae			
大珠母贝	*Pinctada maxima*		二级	仅限野外种群
帘蛤目	VENEROIDA			
砗磲科#	Tridacnidae			
大砗磲	*Tridacna gigas*	一级		原名"库氏砗磲"
无鳞砗磲	*Tridacna derasa*		二级	仅限野外种群
鳞砗磲	*Tridacna squamosa*		二级	仅限野外种群
长砗磲	*Tridacna maxima*		二级	仅限野外种群

中文名	学名	保护级别		备注
番红砗磲	*Tridacna crocea*		二级	仅限野外种群
砗蚝	*Hippopus hippopus*		二级	仅限野外种群
蚌目	UNIONIDA			
珍珠蚌科	Margaritanidae			
珠母珍珠蚌	*Margaritiana dahurica*		二级	仅限野外种群
蚌科	Unionidae			
佛耳丽蚌	*Lamprotula mansuyi*		二级	
绢丝丽蚌	*Lamprotula fibrosa*		二级	
背瘤丽蚌	*Lamprotula leai*		二级	
多瘤丽蚌	*Lamprotula polysticta*		二级	
刻裂丽蚌	*Lamprotula scripta*		二级	
截蛏科	Solecurtidae			
中国淡水蛏	*Novaculina chinensis*		二级	
龙骨蛏蚌	*Solenaia carinatus*		二级	
头足纲 CEPHALOPODA				
鹦鹉螺目	NAUTILIDA			
鹦鹉螺科	Nautilidae			
鹦鹉螺	*Nautilus pompilius*	一级		
腹足纲 GASTROPODA				
田螺科	Viviparidae			
螺蛳	*Margarya melanioides*		二级	
蝾螺科	Turbinidae			
夜光蝾螺	*Turbo marmoratus*		二级	
宝贝科	Cypraeidae			
虎斑宝贝	*Cypraea tigris*		二级	
冠螺科	Cassididae			
唐冠螺	*Cassis cornuta*		二级	原名"冠螺"
法螺科	Charoniidae			
法螺	*Charonia tritonis*		二级	

中文名	学名	保护级别	备注
\multicolumn{4}{刺胞动物门 CNIDARIA}			

中文名	学名	保护级别	备注
刺胞动物门 CNIDARIA			
珊瑚纲 ANTHOZOA			
角珊瑚目 #	ANTIPATHARIA		
角珊瑚目所有种	ANTIPATHARIA spp.	二级	
石珊瑚目 #	SCLERACTINIA		
石珊瑚目所有种	SCLERACTINIA spp.	二级	
苍珊瑚目	HELIOPORACEA		
苍珊瑚科 #	Helioporidae		
苍珊瑚科所有种	Helioporidae spp.	二级	
软珊瑚目	ALCYONACEA		
笙珊瑚科	Tubiporidae		
笙珊瑚	*Tubipora musica*	二级	
红珊瑚科 #	Coralliidae		
红珊瑚科所有种	Coralliidae spp.	一级	
竹节柳珊瑚科	Isididae		
粗糙竹节柳珊瑚	*Isis hippuris*	二级	
细枝竹节柳珊瑚	*Isis minorbrachyblasta*	二级	
网枝竹节柳珊瑚	*Isis reticulata*	二级	
水螅纲 HYDROZOA			
花裸螅目	ANTHOATHECATA		
多孔螅科 #	Milleporidae		
分叉多孔螅	*Millepora dichotoma*	二级	
节块多孔螅	*Millepora exaesa*	二级	
窝形多孔螅	*Millepora foveolata*	二级	
错综多孔螅	*Millepora intricata*	二级	
阔叶多孔螅	*Millepora latifolia*	二级	
扁叶多孔螅	*Millepora platyphylla*	二级	
娇嫩多孔螅	*Millepora tenera*	二级	
柱星螅科 #	Stylasteridae		
无序双孔螅	*Distichopora irregularis*	二级	
紫色双孔螅	*Distichopora violacea*	二级	

中文名	学名	保护级别	备注
佳丽刺柱螅	*Errina dabneyi*	二级	
扇形柱星螅	*Stylaster flabelliformis*	二级	
细巧柱星螅	*Stylaster gracilis*	二级	
佳丽柱星螅	*Stylaster pulcher*	二级	
艳红柱星螅	*Stylaster sanguineus*	二级	
粗糙柱星螅	*Stylaster scabiosus*	二级	

#代表该分类单元所有种均列入名录。

2. 濒危野生动植物种国际贸易公约附录水生动物物种核准为国家重点保护野生动物名录

中文名	学名	公约附录级别	名录级别	核准级别
脊索动物门 Chordata				
哺乳纲 Mammalia				
食肉目 Carnivora				
鼬科 Mustelidae				
水獭亚科 Lutrinae				
水獭亚科所有种 （除被列入附录I或国家重点保护野生动物名录的物种）	Lutrinae spp.	II	未列入	二
扎伊尔小爪水獭 （仅包括喀麦隆和尼日利亚种群）	*Aonyx capensis microdon*	I	未列入	二
小爪水獭	*Aonyx cinerea*	I	二	
海獭南方亚种	*Enhydra lutris nereis*	I	未列入	二
秘鲁水獭	*Lontra felina*	I	未列入	二
长尾水獭	*Lontra longicaudis*	I	未列入	二
智利水獭	*Lontra provocax*	I	未列入	二
欧亚水獭（水獭）	*Lutra lutra*	I	二	
日本水獭	*Lutra nippon*	I	未列入	二
江獭	*Lutrogale perspicillata*	I	二	
大水獭	*Pteronura brasiliensis*	I	未列入	二
海象科 Odobenidae				
海象(加拿大)	*Odobenus rosmarus*	III	未列入	二

中文名	学名	公约附录级别	名录级别	核准级别
海狗科（海狮科）Otariidae				
毛皮海狮属所有种 （除被列入附录 I 的物种）	*Arctocephalus* spp.	II	未列入	二
北美毛皮海狮	*Arctocephalus townsendi*	I	未列入	二
海豹科 Phocidae				
僧海豹属所有种	*Monachus* spp.	I	未列入	二
南象海豹	*Mirounga leonina*	II	未列入	二
鲸目 Cetacea				
鲸目所有种 （除被列入附录 I 或国家重点保护野生动物名录的物种）	Cetacea spp.	II	未列入	二
露脊鲸科 Balaenidae				
北极露脊鲸	*Balaena mysticetus*	I	未列入	二
露脊鲸属所有种 （除被列入国家重点保护野生动物名录的物种）	*Eubalaena* spp.	I	未列入	二
北太平洋露脊鲸	*Eubalaena japonica*	I	—	
须鲸科 Balaenopteridae				
小须鲸 （除被列入附录 II 的种群）	*Balaenoptera acutorostrata*	I	—	
南极须鲸	*Balaenoptera bonaerensis*	I	未列入	二
塞鲸	*Balaenoptera borealis*	I	—	
布氏鲸	*Balaenoptera edeni*	I	—	
蓝鲸	*Balaenoptera musculus*	I	—	
大村鲸	*Balaenoptera omurai*	I	—	
长须鲸	*Balaenoptera physalus*	I	—	
大翅鲸	*Megaptera novaeangliae*	I	—	
海豚科 Delphinidae				
伊洛瓦底江豚	*Orcaella brevirostris*	I	未列入	二
矮鳍海豚	*Orcaella heinsohni*	I	未列入	二
驼海豚属所有种	*Sotalia* spp.	I	未列入	二
白海豚属所有种 （除被列入国家重点保护野生动物名录的物种）	*Sousa* spp.	I	未列入	二

中文名	学名	公约附录级别	名录级别	核准级别
中华白海豚	*Sousa chinensis*	I	一	
糙齿海豚	*Steno bredanensis*	II	二	
热带点斑原海豚	*Stenella attenuata*	II	二	
条纹原海豚	*Stenella coeruleoalba*	II	二	
飞旋原海豚	*Stenella longirostris*	II	二	
长喙真海豚	*Delphinus capensis*	II	二	
真海豚	*Delphinus delphis*	II	二	
印太瓶鼻海豚	*Tursiops aduncus*	II	二	
瓶鼻海豚	*Tursiops truncatus*	II	二	
弗氏海豚	*Lagenodelphis hosei*	II	二	
里氏海豚	*Grampus griseus*	II	二	
太平洋斑纹海豚	*Lagenorhynchus obliquidens*	II	二	
瓜头鲸	*Peponocephala electra*	II	二	
虎鲸	*Orcinus orca*	II	二	
伪虎鲸	*Pseudorca crassidens*	II	二	
小虎鲸	*Feresa attenuata*	II	二	
短肢领航鲸	*Globicephala macrorhynchus*	II	二	
灰鲸科 Eschrichtiidae				
灰鲸	*Eschrichtius robustus*	I	一	
亚马孙河豚科 Iniidae				
白鱀豚	*Lipotes vexillifer*	I	一	
侏露脊鲸科 Neobalaenidae				
侏露脊鲸	*Caperea marginata*	I	未列入	二
鼠海豚科 Phocoenidae				
窄脊江豚(长江江豚)	*Neophocaena asiaeorientalis*	I	一	
东亚江豚	*Neophocaena sunameri*	II	二	
印太江豚	*Neophocaena phocaenoides*	I	二	
加湾鼠海豚	*Phocoena sinus*	I	未列入	一
抹香鲸科 Physeteridae				
抹香鲸	*Physeter macrocephalus*	I	一	
小抹香鲸	*Kogia breviceps*	II	二	

中文名	学名	公约附录级别	名录级别	核准级别
侏抹香鲸	*Kogia sima*	II	二	
淡水豚科 Platanistidae				
恒河豚属所有种	*Platanista* spp.	I	未列入	一
喙鲸科 Ziphiidae				
贝喙鲸属所有种 （除被列入国家重点保护野生动物名录的物种）	*Berardius* spp.	I	未列入	二
贝氏喙鲸	*Berardius bairdii*	I	二	
巨齿鲸属所有种	*Hyperoodon* spp.	I	未列入	二
鹅喙鲸	*Ziphius cavirostris*	II	二	
柏氏中喙鲸	*Mesoplodon densirostris*	II	二	
银杏齿中喙鲸	*Mesoplodon ginkgodens*	II	二	
小中喙鲸	*Mesoplodon peruvianus*	II	二	
朗氏喙鲸	*Indopacetus pacificus*	II	二	
海牛目 Sirenia				
儒艮科 Dugongidae				
儒艮	*Dugong dugon*	I	一	
海牛科 Trichechidae				
亚马孙海牛	*Trichechus inunguis*	I	未列入	二
美洲海牛	*Trichechus manatus*	I	未列入	二
非洲海牛	*Trichechus senegalensis*	I	未列入	二
爬行纲 Reptilia				
鳄目 Crocodylia				
鳄目所有种 （除被列入附录 I 或国家重点保护野生动物名录的物种）	Crocodylia spp.	II	未列入	二（仅野外种群）
鼍科 Alligatoridae				
鼍（扬子鳄）	*Alligator sinensis*	I	一	
中美短吻鼍	*Caiman crocodilus apaporiensis*	I	未列入	二（仅野外种群）
南美短吻鼍 （除被列入附录 II 的种群）	*Caiman latirostris*	I	未列入	二（仅野外种群）

中文名	学名	公约附录级别	名录级别	核准级别
亚马孙鼍 （除被列入附录Ⅱ的种群）	*Melanosuchus niger*	Ⅰ	未列入	二（仅野外种群）
鳄科 Crocodylidae				
窄吻鳄 （除被列入附录Ⅱ的种群）	*Crocodylus acutus*	Ⅰ	未列入	二（仅野外种群）
尖吻鳄	*Crocodylus cataphractus*	Ⅰ	未列入	二（仅野外种群）
中介鳄	*Crocodylus intermedius*	Ⅰ	未列入	二（仅野外种群）
菲律宾鳄	*Crocodylus mindorensis*	Ⅰ	未列入	二（仅野外种群）
佩滕鳄 （除被列入附录Ⅱ的种群）	*Crocodylus moreletii*	Ⅰ	未列入	二（仅野外种群）
尼罗鳄 （除被列入附录Ⅱ的种群）	*Crocodylus niloticus*	Ⅰ	未列入	二（仅野外种群）
恒河鳄	*Crocodylus palustris*	Ⅰ	未列入	二（仅野外种群）
湾鳄 （除被列入附录Ⅱ的种群）	*Crocodylus porosus*	Ⅰ	未列入	二（仅野外种群）
菱斑鳄	*Crocodylus rhombifer*	Ⅰ	未列入	二（仅野外种群）
暹罗鳄	*Crocodylus siamensis*	Ⅰ	未列入	二（仅野外种群）
短吻鳄	*Osteolaemus tetraspis*	Ⅰ	未列入	二（仅野外种群）
马来鳄	*Tomistoma schlegelii*	Ⅰ	未列入	二（仅野外种群）
食鱼鳄科 Gavialidae				
食鱼鳄	*Gavialis gangeticus*	Ⅰ	未列入	二（仅野外种群）
龟鳖目 Testudines				
两爪鳖科 Carettochelyidae				
两爪鳖	*Carettochelys insculpta*	Ⅱ	未列入	二（仅野外种群）
蛇颈龟科 Chelidae				
短颈龟	*Pseudemydura umbrina*	Ⅰ	未列入	二（仅野外种群）
麦氏长颈龟	*Chelodina mccordi*	Ⅱ	未列入	二（仅野外种群）
海龟科 Cheloniidae				
海龟科所有种 （除被列入国家重点保护野生动物名录的物种）	Cheloniidae spp.	Ⅰ	未列入	—
红海龟（蠵龟）	*Caretta caretta*	Ⅰ	—	
绿海龟	*Chelonia mydas*	Ⅰ	—	

中文名	学名	公约附录级别	名录级别	核准级别
玳瑁	*Eretmochelys imbricata*	I	—	
太平洋丽龟	*Lepidochelys olivacea*	I	—	
鳄龟科 Chelydridae				
拟鳄龟（美国）	*Chelydra serpentina*	III	未列入	暂缓核准
大鳄龟（美国）	*Macrochemys temminckii*	III	未列入	暂缓核准
泥龟科 Dermatemydidae				
泥龟	*Dermatemys mawii*	II	未列入	二（仅野外种群）
棱皮龟科 Dermochelyidae				
棱皮龟	*Dermochelys coriacea*	I	—	
龟科 Emydidae				
牟氏水龟	*Glyptemys muhlenbergii*	I	未列入	二（仅野外种群）
科阿韦拉箱龟	*Terrapene coahuila*	I	未列入	二（仅野外种群）
斑点水龟	*Clemmys guttata*	II	未列入	二（仅野外种群）
布氏拟龟	*Emydoidea blandingii*	II	未列入	二（仅野外种群）
木雕水龟	*Glyptemys insculpta*	II	未列入	二（仅野外种群）
钻纹龟	*Malaclemys terrapin*	II	未列入	二（仅野外种群）
箱龟属所有种 （除被列入附录 I 的物种）	*Terrapene* spp.	II	未列入	二（仅野外种群）
图龟属所有种（美国）	*Graptemys* spp.	III	未列入	暂缓核准
地龟科 Geoemydidae				
马来潮龟	*Batagur affinis*	I	未列入	二（仅野外种群）
潮龟	*Batagur baska*	I	未列入	二（仅野外种群）
黑池龟	*Geoclemys hamiltonii*	I	未列入	二（仅野外种群）
安南龟	*Mauremys annamensis*	I	未列入	二（仅野外种群）
三脊棱龟	*Melanochelys tricarinata*	I	未列入	二（仅野外种群）
眼斑沼龟	*Morenia ocellata*	I	未列入	二（仅野外种群）
印度泛棱背龟	*Pangshura tecta*	I	未列入	二（仅野外种群）
咸水龟	*Batagur borneoensis*	II	未列入	二（仅野外种群）
三棱潮龟	*Batagur dhongoka*	II	未列入	二（仅野外种群）
红冠潮龟	*Batagur kachuga*	II	未列入	二（仅野外种群）
缅甸潮龟	*Batagur trivittata*	II	未列入	二（仅野外种群）

中文名	学名	公约附录级别	名录级别	核准级别
闭壳龟属所有种（除被列入附录I的物种或我国分布种）	Cuora spp.	II	未列入	二（仅野外种群）
闭壳龟属所有种（我国分布种）	Cuora spp.	II	二（仅野外种群）	
布氏闭壳龟	Cuora bourreti	I	二（仅野外种群）	
图纹闭壳龟	Cuora picturata	I	二（仅野外种群）	
摄龟属所有种（除被列入国家重点保护野生动物名录的物种）	Cyclemys spp.	II	未列入	二（仅野外种群）
欧氏摄龟	Cyclemys oldhaml	II	二	
日本地龟	Geoemyda japonica	II	未列入	二（仅野外种群）
地龟	Geoemyda spengleri	II	二	
冠背草龟	Hardella thurjii	II	未列入	二（仅野外种群）
庙龟	Heosemys annandalii	II	未列入	二（仅野外种群）
扁东方龟	Heosemys depressa	II	未列入	二（仅野外种群）
大东方龟	Heosemys grandis	II	未列入	二（仅野外种群）
锯缘东方龟	Heosemys spinosa	II	未列入	二（仅野外种群）
苏拉威西地龟	Leucocephalon yuwonoi	II	未列入	二（仅野外种群）
大头马来龟	Malayemys macrocephala	II	未列入	二（仅野外种群）
马来龟	Malayemys subtrijuga	II	未列入	二（仅野外种群）
日本拟水龟	Mauremys japonica	II	未列入	二（仅野外种群）
黄喉拟水龟	Mauremys mutica	II	二（仅野外种群）	
黑颈乌龟	Mauremys nigricans	II	二（仅野外种群）	
黑山龟	Melanochelys trijuga	II	未列入	二（仅野外种群）
印度沼龟	Morenia petersi	II	未列入	二（仅野外种群）
果龟	Notochelys platynota	II	未列入	二（仅野外种群）
巨龟	Orlitia borneensis	II	未列入	二（仅野外种群）
泛棱背龟属所有种（除被列入附录I的物种）	Pangshura spp.	II	未列入	二（仅野外种群）

中文名	学名	公约附录级别	名录级别	核准级别
眼斑水龟	*Sacalia bealei*	II	二（仅野外种群）	
四眼斑水龟	*Sacalia quadriocellata*	II	二（仅野外种群）	
粗颈龟	*Siebenrockiella crassicollis*	II	未列入	二（仅野外种群）
雷岛粗颈龟	*Siebenrockiella leytensis*	II	未列入	二（仅野外种群）
蔗林龟	*Vijayachelys silvatica*	II	未列入	二（仅野外种群）
艾氏拟水龟（中国）	*Mauremys iversoni*	III	未列入	二（仅野外种群）
大头乌龟（中国）	*Mauremys megalocephala*	III	未列入	二（仅野外种群）
腊戌拟水龟（中国）	*Mauremys pritchardi*	III	未列入	二（仅野外种群）
乌龟（中国）	*Mauremys reevesii*	III	二（仅野外种群）	
花龟（中国）	*Mauremys sinensis*	III	二（仅野外种群）	
缺颌花龟（中国）	*Ocadia glyphistoma*	III	未列入	二（仅野外种群）
费氏花龟（中国）	*Ocadia philippeni*	III	未列入	二（仅野外种群）
拟眼斑水龟（中国）	*Sacalia pseudocellata*	III	未列入	二（仅野外种群）
平胸龟科 Platysternidae				
平胸龟科所有种 （除被列入国家重点保护野生动物名录的物种）	Platysternidae spp.	I	未列入	二（仅野外种群）
平胸龟	*Platysternon megacephalum*	I	二（仅野外种群）	
侧颈龟科 Podocnemididae				
马达加斯加大头侧颈龟	*Erymnochelys madagascariensis*	II	未列入	二（仅野外种群）
亚马孙大头侧颈龟	*Peltocephalus dumerilianus*	II	未列入	二（仅野外种群）
南美侧颈龟属所有种	*Podocnemis* spp.	II	未列入	二（仅野外种群）
鳖科 Trionychidae				
刺鳖深色亚种	*Apalone spinifera atra*	I	未列入	二（仅野外种群）
小头鳖	*Chitra chitra*	I	未列入	二（仅野外种群）
缅甸小头鳖	*Chitra vandijki*	I	未列入	二（仅野外种群）
恒河鳖	*Nilssonia gangetica*	I	未列入	二（仅野外种群）

（续）

中文名	学名	公约附录级别	名录级别	核准级别
宏鳖	*Nilssonia hurum*	I	未列入	二（仅野外种群）
黑鳖	*Nilssonia nigricans*	I	未列入	二（仅野外种群）
亚洲鳖	*Amyda cartilaginea*	II	未列入	二（仅野外种群）
小头鳖属所有种（除被列入附录 I 的物种）	*Chitra* spp.	II	未列入	二（仅野外种群）
努比亚盘鳖	*Cyclanorbis elegans*	II	未列入	二（仅野外种群）
塞内加尔盘鳖	*Cyclanorbis senegalensis*	II	未列入	二（仅野外种群）
欧氏圆鳖	*Cycloderma aubryi*	II	未列入	二（仅野外种群）
赞比亚圆鳖	*Cycloderma frenatum*	II	未列入	二（仅野外种群）
马来鳖	*Dogania subplana*	II	未列入	二（仅野外种群）
斯里兰卡缘板鳖	*Lissemys ceylonensis*	II	未列入	二（仅野外种群）
缘板鳖	*Lissemys punctata*	II	未列入	二（仅野外种群）
缅甸缘板鳖	*Lissemys scutata*	II	未列入	二（仅野外种群）
孔雀鳖	*Nilssonia formosa*	II	未列入	二（仅野外种群）
莱氏鳖	*Nilssonia leithii*	II	未列入	二（仅野外种群）
山瑞鳖	*Palea steindachneri*	II	二（仅野外种群）	
鼋属所有种（除被列入国家重点保护野生动物名录的物种）	*Pelochelys* spp.	II	未列入	二（仅野外种群）
鼋	*Pelochelys bibroni*	II	—	
砂鳖	*Pelodiscus axenaria*	II	未列入	二（仅野外种群）
东北鳖	*Pelodiscus maackii*	II	未列入	二（仅野外种群）
小鳖	*Pelodiscus parviformis*	II	未列入	二（仅野外种群）
大食斑鳖	*Rafetus euphraticus*	II	未列入	二（仅野外种群）
斑鳖	*Rafetus swinhoei*	II	—	
非洲鳖	*Trionyx triunguis*	II	未列入	二（仅野外种群）
珍珠鳖（美国）	*Apalone ferox*	III	未列入	暂缓核准
滑鳖（美国）	*Apalone mutica*	III	未列入	暂缓核准
刺鳖（美国）（除被列入附录 I 的亚种）	*Apalone spinifera*	III	未列入	暂缓核准

中文名	学名	公约附录级别	名录级别	核准级别
	两栖纲 Amphibia			
	无尾目 Anura			
	叉舌蛙科 Dicroglossidae			
六趾蛙	*Euphlyctis hexadactylus*	II	未列入	二（仅野外种群）
印度牛蛙	*Hoplobatrachus tigerinus*	II	未列入	二（仅野外种群）
	有尾目 Caudata			
	钝口螈科 Ambystomatidae			
钝口螈	*Ambystoma dumerilii*	II	未列入	二（仅野外种群）
墨西哥钝口螈	*Ambystoma mexicanum*	II	未列入	二（仅野外种群）
	隐鳃鲵科 Cryptobranchidae			
大鲵属所有种 （除被列入国家重点保护野生动物名录的物种）	*Andrias* spp.	I	未列入	二（仅野外种群）
大鲵	*Andrias davidianus*	I	二（仅野外种群）	
美洲大鲵（美国）	*Cryptobranchus alleganiensis*	III	未列入	暂缓核准
	小鲵科			
安吉小鲵（中国）	*Hynobius amjiensis*	III	—	
	蝾螈科 Salamandridae			
桔斑螈	*Neurergus kaiseri*	I	未列入	二
镇海棘螈（镇海疣螈）	*Echinotriton chinhaiensis*	II	—	
高山棘螈	*Echinotriton maxiquadratus*	II	二	
瘰螈属所有种 （除被列入国家重点保护野生动物名录的物种）	*Paramensotriton* spp.	II	未列入	二
橙脊瘰螈	*Paramesotriton aurantius*	II	二	
尾斑瘰螈	*Paramesotriton caudopunctatus*	II	二	
中国瘰螈	*Paramesotriton chinensis*	II	二	
越南瘰螈	*Paramesotriton deloustali*	II	二	
富钟瘰螈	*Paramesotriton fuzhongensis*	II	二	
广西瘰螈	*Paramesotriton guangxiensis*	II	二	
香港瘰螈	*Paramesotriton hongkongensis*	II	二	

(续)

中文名	学名	公约附录级别	名录级别	核准级别
无斑瘰螈	*Paramesotriton labiatus*	II	二	
龙里瘰螈	*Paramesotriton longliensis*	II	二	
茂兰瘰螈	*Paramesotriton maolanensis*	II	二	
七溪岭瘰螈	*Paramesotriton qixilingensis*	II	二	
武陵瘰螈	*Paramesotriton wulingensis*	II	二	
云雾瘰螈	*Paramesotriton yunwuensis*	II	二	
织金瘰螈	*Paramesotriton zhijinensis*	II	二	
疣螈属所有种（除被列入国家重点保护野生动物名录的物种）	*Tylototriton* spp.	II	未列入	二
贵州疣螈	*Tylototriton kweichowensis*	II	二	
川南疣螈	*Tylototriton pseudoverrucosus*	II	二	
丽色疣螈	*Tylototriton pulcherrima*	II	二	
红瘰疣螈	*Tylototriton shanjing*	II	二	
棕黑疣螈（细螈疣螈）	*Tylototriton verrucosus*	II	二	
滇南疣螈	*Tylototriton yangi*	II	二	
北非真螈（阿尔及利亚）	*Salamandra algira*	III	未列入	暂缓核准

板鳃亚纲 Elasmobranchii

真鲨目 Carcharhiniformes

真鲨科 Carcharhinidae

| 镰状真鲨 | *Carcharhinus falciformis* | II | 未列入 | 暂缓核准 |
| 长鳍真鲨 | *Carcharhinus longimanus* | II | 未列入 | 暂缓核准 |

双髻鲨科 Sphyrnidae

路氏双髻鲨	*Sphyrna lewini*	II	未列入	暂缓核准
无沟双髻鲨	*Sphyrna mokarran*	II	未列入	暂缓核准
锤头双髻鲨	*Sphyrna zygaena*	II	未列入	暂缓核准

鼠鲨目 Lamniformes

长尾鲨科 Alopiidae

| 长尾鲨属所有种 | *Alopias* spp. | II | 未列入 | 暂缓核准 |

姥鲨科 Cetorhinidae

| 姥鲨 | *Cetorhinus maximus* | II | 二 | |

中文名	学名	公约附录级别	名录级别	核准级别
鼠鲨科 Lamnidae				
噬人鲨	*Carcharodon carcharias*	II	二	
尖吻鲭鲨	*Isurus oxyrinchus*	II	未列入	暂缓核准
长鳍鲭鲨	*Isurus paucus*	II	未列入	暂缓核准
鼠鲨	*Lamna nasus*	II	未列入	暂缓核准
鲼目 Myliobatiformes				
鲼科 Myliobatidae				
前口蝠鲼属所有种	*Manta* spp.	II	未列入	暂缓核准
蝠鲼属所有种	*Mobula* spp.	II	未列入	暂缓核准
江虹科 Potamotrygonidae				
巴西副江虹（哥伦比亚）	*Paratrygon aiereba*	III	未列入	暂缓核准
江虹属所有种（巴西种群）（巴西）	*Potamotrygon* spp.	III	未列入	暂缓核准
密星江虹（哥伦比亚）	*Potamotrygon constellata*	III	未列入	暂缓核准
马氏江虹（哥伦比亚）	*Potamotrygon magdalenae*	III	未列入	暂缓核准
南美江虹（哥伦比亚）	*Potamotrygon motoro*	III	未列入	暂缓核准
奥氏江虹（哥伦比亚）	*Potamotrygon orbignyi*	III	未列入	暂缓核准
施罗德氏江虹（哥伦比亚）	*Potamotrygon schroederi*	III	未列入	暂缓核准
锉棘江虹（哥伦比亚）	*Potamotrygon scobina*	III	未列入	暂缓核准
耶氏江虹（哥伦比亚）	*Potamotrygon yepezi*	III	未列入	暂缓核准
须鲨目 Orectolobiformes				
鲸鲨科 Rhincodontidae				
鲸鲨	*Rhincodon typus*	II	二	
锯鳐目 Pristiformes				
锯鳐科 Pristidae				
锯鳐科所有种	Pristidae spp.	I	未列入	暂缓核准
犁头鳐目 Rhinopristiformes				
蓝吻犁头鳐科 Glaucostegidae				
蓝吻犁头鳐属所有种	*Glaucostegus* spp.	II	未列入	暂缓核准
圆犁头鳐科 Rhinidae				
圆型头鳐科所有种	Rhinidae spp.	II	未列入	暂缓核准

中文名	学名	公约附录级别	名录级别	核准级别
辐鳍亚纲 Actinopteri				
鲟形目 Acipenseriformes				
鲟形目所有种 （除被列入附录Ⅰ或国家重点 保护野生动物名录的物种）	Acipenseriformes spp.	Ⅱ	未列入	二（仅野外种群）
鲟科 Acipenseridae				
短吻鲟	Acipenser brevirostrum	Ⅰ	未列入	二（仅野外种群）
鲟	Acipenser sturio	Ⅰ	未列入	二（仅野外种群）
中华鲟	Acipenser sinensis	Ⅱ	—	
长江鲟（达氏鲟）	Acipenser dabryanus	Ⅱ	—	
鳇	Huso dauricus	Ⅱ	一（仅野外种群）	
西伯利亚鲟	Acipenser baerii	Ⅱ	二（仅野外种群）	
裸腹鲟	Acipenser nudiventris	Ⅱ	二（仅野外种群）	
小体鲟	Acipenser ruthenus	Ⅱ	二（仅野外种群）	
施氏鲟	Acipenser schrenckii	Ⅱ	二（仅野外种群）	
匙吻鲟科 Polyodontidae				
白鲟	Psephurus gladius	Ⅱ	—	
鳗鲡目 Anguilliformes				
鳗鲡科 Anguillidae				
欧洲鳗鲡	Anguilla anguilla	Ⅱ	未列入	暂缓核准
鲤形目 Cypriniformes				
胭脂鱼科 Catostomidae				
丘裂鳍亚口鱼	Chasmistes cujus	Ⅰ	未列入	二
鲤科 Cyprinidae				
湄公河原鲃	Probarbus jullieni	Ⅰ	未列入	二
刚果盲鲃	Caecobarbus geertsii	Ⅱ	未列入	二

中文名	学名	公约附录级别	名录级别	核准级别
骨舌鱼目 Osteoglossiformes				
巨骨舌鱼科 Arapaimidae				
巨巴西骨舌鱼	*Arapaima gigas*	II	未列入	二
骨舌鱼科 Osteoglossidae				
美丽硬骨舌鱼	*Scleropages formosus*	I	未列入	二（仅野外种群）
丽纹硬骨舌鱼	*Scleropages inscriptus*	I	未列入	二（仅野外种群）
鲈形目 Perciformes				
隆头鱼科 Labridae				
波纹唇鱼（苏眉）	*Cheilinus undulatus*	II	二（仅野外种群）	
盖刺鱼科 Pomacanthidae				
克拉里昂刺蝶鱼	*Holacanthus clarionensis*	II	未列入	二
石首鱼科 Sciaenidae				
加利福尼亚湾石首鱼	*Totoaba macdonaldi*	I	未列入	一
鲇形目 Siluriformes				
骨鲇科 Loricariidae				
斑马下钩鲇（巴西）	*Hypancistrus zebra*	III	未列入	暂缓核准
鲇科 Pangasiidae				
巨无齿鲇	*Pangasianodon gigas*	I	未列入	二
海龙鱼目 Syngnathiformes				
海龙鱼科 Syngnathidae				
海马属所有种（除我国分布种）	*Hippocampus* spp.	II	未列入	二（仅野外种群）
海马属所有种（我国分布种）	*Hippocampus* spp.	II	二（仅野外种群）	
肺鱼亚纲 Dipneusti				
角齿肺鱼目 Ceratodontiformes				
角齿肺鱼科 Neoceratodontidae				
澳大利亚肺鱼	*Neoceratodus forsteri*	II	未列入	二

中文名	学名	公约附录级别	名录级别	核准级别
腔棘亚纲 Coelacanthi				
腔棘鱼目 Coelacanthiformes				
矛尾鱼科 Latimeriidae				
矛尾鱼属所有种	*Latimeria* spp.	I	未列入	—
棘皮动物门 Echinodermata				
海参纲 Holothuroidea				
楯手目 Aspidochirotida				
刺参科 Stichopodidae				
暗色刺参（厄瓜多尔）	*Isostichopus fuscus*	III	未列入	暂缓核准
海参目 Holothuriida				
海参科 Holothuriidae				
黄乳海参	*Holothuria fuscogilva*	II	未列入	暂缓核准
印度洋黑乳海参	*Holothuria nobilis*	II	未列入	暂缓核准
黑乳海参	*Holothuria whitmaei*	II	未列入	暂缓核准
环节动物门 Annelida				
蛭纲 Hirudinoidea				
无吻蛭目 Arhynchobdellida				
医蛭科 Hirudinidae				
欧洲医蛭	*Hirudo medicinalis*	II	未列入	二
侧纹医蛭	*Hirudo verbana*	II	未列入	二
软体动物门 Mollusca				
双壳纲 Bivalvia				
贻贝目 Mytiloida				
贻贝科 Mytilidae				
普通石蛏	*Lithophaga lithophaga*	II	未列入	暂缓核准
珠蚌目 Unionoida				
蚌科 Unionidae				
雕刻射蚌	*Conradilla caelata*	I	未列入	暂缓核准
走蚌	*Dromus dromas*	I	未列入	暂缓核准
冠前嵴蚌	*Epioblasma curtisi*	I	未列入	暂缓核准
闪光前嵴蚌	*Epioblasma florentina*	I	未列入	暂缓核准

中文名	学名	公约附录级别	名录级别	核准级别
沙氏前嵴蚌	*Epioblasma sampsonii*	I	未列入	暂缓核准
全斜沟前嵴蚌	*Epioblasma sulcata perobliqua*	I	未列入	暂缓核准
舵瘤前嵴蚌	*Epioblasma torulosa gubernaculum*	I	未列入	暂缓核准
瘤前嵴蚌	*Epioblasma torulosa torulosa*	I	未列入	暂缓核准
膨大前嵴蚌	*Epioblasma turgidula*	I	未列入	暂缓核准
瓦氏前嵴蚌	*Epioblasma walkeri*	I	未列入	暂缓核准
楔状水蚌	*Fusconaia cuneolus*	I	未列入	暂缓核准
水蚌	*Fusconaia edgariana*	I	未列入	暂缓核准
希氏美丽蚌	*Lampsilis higginsii*	I	未列入	暂缓核准
球美丽蚌	*Lampsilis orbiculata orbiculata*	I	未列入	暂缓核准
多彩美丽蚌	*Lampsilis satur*	I	未列入	暂缓核准
绿美丽蚌	*Lampsilis virescens*	I	未列入	暂缓核准
皱疤丰底蚌	*Plethobasus cicatricosus*	I	未列入	暂缓核准
古柏丰底蚌	*Plethobasus cooperianus*	I	未列入	暂缓核准
满侧底蚌	*Pleurobema plenum*	I	未列入	暂缓核准
大河蚌	*Potamilus capax*	I	未列入	暂缓核准
中间方蚌	*Quadrula intermedia*	I	未列入	暂缓核准
稀少方蚌	*Quadrula sparsa*	I	未列入	暂缓核准
柱状扁弓蚌	*Toxolasma cylindrella*	I	未列入	暂缓核准
V线珠蚌	*Unio nickliniana*	I	未列入	暂缓核准
德科马坦比哥珠蚌	*Unio tampicoensis tecomatensis*	I	未列入	暂缓核准
横条多毛蚌	*Villosa trabalis*	I	未列入	暂缓核准
阿氏强膨蚌	*Cyprogenia aberti*	II	未列入	暂缓核准
行瘤前嵴蚌	*Epioblasma torulosa rangiana*	II	未列入	暂缓核准
棒形侧底蚌	*Pleurobema clava*	II	未列入	暂缓核准
帘蛤目 Veneroida				
砗磲科 Tridacnidae				
砗磲科所有种 （除被列入国家重点保护野生动物名录的物种）	Tridacnidae spp.	II	未列入	二（仅野外种群）

中文名	学名	公约附录级别	名录级别	核准级别
大砗磲（库氏砗磲）	*Tridacna gigas*	II	—	
无鳞砗磲	*Tridacna derasa*	II	二（仅野外种群）	
鳞砗磲	*Tridacna squamosa*	II	二（仅野外种群）	
长砗磲	*Tridacna maxima*	II	二（仅野外种群）	
番红砗磲	*Tridacna crocea*	II	二（仅野外种群）	
砗蚝	*Hippopus hippopus*	II	二（仅野外种群）	
头足纲 Cephalopoda				
鹦鹉螺目 Nautilida				
鹦鹉螺科 Nautilidae				
鹦鹉螺科所有种（除被列入国家重点保护野生动物名录的物种）	Nautilidae spp.	II	未列入	—
鹦鹉螺	*Nautilidae pompilius*	II	—	
腹足纲 Gastropoda				
中腹足目 Mesogastropoda				
凤螺科 Strombidae				
大凤螺	*Strombus gigas*	II	未列入	二（仅野外种群）
刺胞亚门 Cnidaria				
珊瑚虫纲 Anthozoa				
黑珊瑚目 Antipatharia				
黑珊瑚目（角珊瑚目）所有种（除我国分布种）	Antipatharia spp.	II	未列入	二
黑珊瑚目（角珊瑚目）所有种（我国分布种）	Antipatharia spp.	II	二	
柳珊瑚目 Gorgonaceae				
红珊瑚科 Coralliidae				
瘦长红珊瑚（中国）	*Corallium elatius*	III	—	
日本红珊瑚（中国）	*Corallium japonicum*	III	—	
皮滑红珊瑚（中国）	*Corallium konjoi*	III	—	

（续）

中文名	学名	公约附录级别	名录级别	核准级别
巧红珊瑚（中国）	*Corallium secundum*	III	—	
苍珊瑚目 Helioporacea				
苍珊瑚科 Helioporidae				
苍珊瑚科所有种（仅包括苍珊瑚 *Heliopora coerulea*，不含化石）	Helioporidae spp.	II	二	
石珊瑚目 Scleractinia				
石珊瑚目所有种（除我国分布种，不含化石）	Scleractinia spp.	II	未列入	二
石珊瑚目所有种（我国分布种，不含化石）	Scleractinia spp.	II	二	
多茎目 Stolonifera				
笙珊瑚科 Tubiporidae				
笙珊瑚科所有种（除被列入国家重点保护野生动物名录的物种，不含化石）	Tubiporidae spp.	II	未列入	二
笙珊瑚	*Tubipora musica*	II	二	
水螅纲 Hydrozoa				
多孔螅目 Milleporina				
多孔螅科 Milleporidae				
多孔螅科所有种（除被列入国家重点保护野生动物名录的物种，不含化石）	Milleporidae spp.	II	未列入	二
分叉多孔螅	*Millepora dichotoma*	II	二	
节块多孔螅	*Millepora exaesa*	II	二	
窝形多孔螅	*Millepora foveolata*	II	二	
错综多孔螅	*Millepora intricata*	II	二	
阔叶多孔螅	*Millepora latifolia*	II	二	
扁叶多孔螅	*Millepora platyphylla*	II	二	
娇嫩多孔螅	*Millepora tenera*	II	二	

中文名	学名	公约附录级别	名录级别	核准级别
柱星螅目 Stylasterina				
柱星螅科 Stylasteridae				
柱星螅科所有种 （除被列入国家重点保护野生动物名录的物种，不含化石）	Stylasteridae spp.	II	未列入	二
无序双孔螅	*Distichopora irregularis*	II	二	
紫色双孔螅	*Distichopora violacea*	II	二	
佳丽刺柱螅	*Errina dabneyi*	II	二	
扇形柱星螅	*Stylaster flabelliformis*	II	二	
细巧柱星螅	*Stylaster gracilis*	II	二	
佳丽柱星螅	*Stylaster pulcher*	II	二	
艳红柱星螅	*Stylaster sanguineus*	II	二	
粗糙柱星螅	*Stylaster scabiosus*	II	二	

3. 人工繁育国家重点保护水生野生动物名录（第一批）

序号	中文名	学名
1	三线闭壳龟	*Cuora trifasciata*
2	大鲵	*Andrias davidianus*
3	胭脂鱼	*Myxocyprinus asiaticus*
4	山瑞鳖	*Trionyx steindachneri*
5	松江鲈	*Trachidermus fasciatus*
6	金线鲃	*Sinocyclocheilus grahami grahami*

4. 人工繁育国家重点保护水生野生动物名录（第二批）

序号	中文名	学名
1	黄喉拟水龟	*Mauremys mutica*
2	花龟	*Mauremys sinensis*
3	黑颈乌龟	*Mauremys nigricans*

序号	中文名	学名
4	安南龟	*Mauremys annamensis*
5	黄缘闭壳龟	*Cuora flavomarginata*
6	平胸龟	*Platysternon megacephalum*
7	黑池龟	*Geoclemys hamiltonii*
8	暹罗鳄	*Crocodylus siamensis*
9	尼罗鳄	*Crocodylus niloticus*
10	湾鳄	*Crocodylus porosus*
11	施氏鲟	*Acipenser schrenkii*
12	西伯利亚鲟	*Acipenser bearii*
13	俄罗斯鲟	*Acipenser gueldenstaedtii*
14	小体鲟	*Acipenser ruthenus*
15	鳇	*Huso dauricus*
16	匙吻鲟	*Polyodon spathula*
17	唐鱼	*Tanichthys albonubes*
18	大头鲤	*Cyprinus pellegrini*
19	大珠母贝	*Pinctada maxima*

5. 人工繁育国家重点保护水生野生动物名录（第三批）

序号	中文名	学名
1	岩原鲤	*Procypris rabaudi*
2	细鳞裂腹鱼	*Schizothorax chongi*
3	重口裂腹鱼	*Schizothorax davidi*
4	哲罗鲑	*Huchu taimen*
5	细鳞鲑	*Brachymystax lenok*
6	花羔红点鲑	*Salvelinus malma*
7	马苏大马哈鱼	*Oncorhynchus masou*
8	鸭绿江茴鱼	*Thymallus yaluensis*
9	虎纹蛙	*Hoplobatrachus chinensis*
10	乌龟	*Mauremys reevesii*

图书在版编目（CIP）数据

国家重点保护水生野生动物/农业农村部渔业渔政管理局组编. —北京：中国农业出版社，2022.11
ISBN 978-7-109-30187-0

Ⅰ.①国… Ⅱ.①农… Ⅲ.①水生动物－野生动物－中国－图集 Ⅳ.①Q958.884.2-64

中国版本图书馆CIP数据核字（2022）第198487号

国家重点保护水生野生动物
GUOJIA ZHONGDIAN BAOHU SHUISHENG
YESHENG DONGWU

中国农业出版社出版
地址：北京市朝阳区麦子店街18号楼
邮编：100125
责任编辑：王金环　武旭峰
封面江豚摄影：居涛 广西科学院
版式设计：房利萍　责任校对：吴丽婷　责任印制：王　宏
印刷：北京缤索印刷有限公司
版次：2022年11月第1版
印次：2022年11月北京第1次印刷
发行：新华书店北京发行所
开本：700mm×1000mm　1/16
印张：23
字数：498千字
定价：188.00元